西部欠发达地区
创新驱动发展实践与探索
——六年科技援疆纪实

高旺盛◎编著

中国农业科学技术出版社

图书在版编目（CIP）数据

西部欠发达地区创新驱动发展实践与探索：六年科技援疆纪实／高旺盛编著.
—北京：中国农业科学技术出版社，2020.6
ISBN 978-7-5116-4771-9

Ⅰ.①西…　Ⅱ.①高…　Ⅲ.①不发达地区-区域经济发展-新疆-文集
Ⅳ.①F127.45-53

中国版本图书馆 CIP 数据核字（2020）第 090341 号

责任编辑　　徐　毅
责任校对　　马广洋

出 版 者　中国农业科学技术出版社
　　　　　　北京市中关村南大街 12 号　邮编：100081
电　　话　（010）82106636（编辑室）　　（010）82109702（发行部）
　　　　　　（010）82109709（读者服务部）
传　　真　（010）82106636
网　　址　http://www.castp.cn
经 销 者　各地新华书店
印 刷 者　北京建宏印刷有限公司
开　　本　710mm×1 000mm　1/16
印　　张　10
字　　数　160 千字
版　　次　2020 年 6 月第 1 版　2020 年 6 月第 1 次印刷
定　　价　50.00 元

六年援疆路，一生新疆情
谨以此书献给关心支援新疆的人们

"创新是引领发展的第一动力。抓创新就是抓发展，谋创新就是谋未来。"（习近平 2015 年在参加十二届全国人大三次会议上海代表团审议时的讲话）

"越是欠发达地区，越需要实施创新驱动发展战略。欠发达地区可以通过东西部联动和对口支援等机制来增加科技创新力量，以创新的思维和坚定的信心探索创新驱动发展新路。"（习近平 2016 年在宁夏考察时的讲话）

"做好新疆工作是全党全国的大事，必须从战略全局高度，谋长远之策，行固本之举，建久安之势，成长治之业"。"对口援疆是国家战略，必须长期坚持。"（习近平 2015 年在第二次中央新疆工作座谈会上的讲话）

序　言

时光如梭，时下已经到了 2020 年春季。2014 年 9 月 14 日，为了响应党中央全国援疆的号召，我受组织委派作为第八批中央国家机关科技部援疆干部到了新疆，开启了我的援疆之行。2017 年 7 月，在我 3 年即将到期本可以回京工作之际，缘于我对新疆的真心热爱，对新疆科技创新的责任担当，总觉得还有许多事情尚未完成，还有许多心愿未了。因此，我再次向组织提出申请继续援疆 3 年。这一呆，就是 6 个年头。

这 6 年，是我国科技创新发展最快、创新改革最广泛的 6 年，是新疆经济社会发展变化最大的 6 年，也是新疆实施创新驱动发展战略最有成效的 6 年。我作为科技部的科技援疆干部，坚决贯彻落实党中央方针政策，坚决落实科技部和新疆维吾尔自治区重大部署，主动投入到新疆创新驱动发展第一线，尽最大努力与新疆各界仁人志士一起，锐意进取，努力前行，积极探索西部欠发达地区创新驱动发展的战略思路、可行路径和政策措施，取得了积极进展。

本书收集了近几年来，我在新疆工作期间自己主要负责完成的重要工作、学习文章、重要文件、调研报告、工作体会、援疆故事等，从一个侧面记录了我 6 年援疆的心路历程和实践探索。

期待本书对有志于科技创新和关心新疆发展的人们有所帮助。感谢的话好多，我在本书的后记部分略表谢意。

高旺盛

2020 年 3 月于北京·绿苑

目　　录

第一部分

理论学习与调查研究

【导言】6年援疆，始终牢记援疆使命，坚持理论学习，特别是注重学习党的十八大、十九大精神，学习习近平新时代中国特色社会主义思想，尤其是习近平总书记关于科技创新重要论述，树牢理论根基，以理论自信强化自己的援疆责任。积极开展调查研究，深入基层，走遍新疆南北14个地州市的86个县、100多家企业和研究机构开展调研。他山之石可以攻玉，注重借鉴外地经验，6年来走遍23个援疆省（自治区、直辖市），形成多份调研报告。

一、牢牢把握创新驱动发展战略的理论指针

——学习贯彻习近平总书记关于创新驱动论述的体会

党的十八大提出实施创新驱动发展战略。习近平总书记在一系列重要讲话中从创新驱动发展目标、发展核心、发展动力、发展重点、发展策略等方面进行了多方位、深层次的理论阐述，高屋建瓴、内涵丰富、要义深刻，为创建中国特色创新驱动发展理论体系指明了方向、奠定了基础，对于全面实施创新驱动发展战略具有重大理论意义和现实意义，我们要深刻学习领会，全面贯彻落实。

（一）创新驱动之科学发展观

发展是硬道理。在创新与发展关系上，习近平总书记明确指出，创新是引领发展的第一动力，抓创新就是抓发展，谋创新就是谋未来。不创新就要落后，创新慢了也要落后。

在发展的目标选择上，习近平总书记早在 2004 年就指出：我们已经进入新的发展阶段，现在的发展不能只追求速度，而应该追求速度、质量和效益的统一；不能盲目发展，污染环境，而要按照统筹人与自然和谐发展的要求，做好人口、资源、环境工作。他在不同的讲话中多次强调，科学发展观强调经济增长不等于经济发展，经济发展不单纯是速度的发展，更不能以牺牲生态环境为代价。我们既要 GDP，又要绿色 GDP，但不能唯GDP。我们既要金山银山，更要绿水青山。2012 年他再次强调指出，要进一步强化创新驱动，增强经济增长内生活力和动力，经济增长必须是实实在在的没有水分的增长，是有效益、有质量、可持续的增长。

习近平总书记的一系列重要论述，指明了在经济发展新常态下，实施创新驱动发展必须科学处理好增长与发展、速度与效率、数量与质量、经济与环境、当代人的发展与后代人的发展等重大理论问题，形成符合中国国情的创新驱动发展目标体系。

党的十八大明确指出，要适应国内外经济形势变化，加快转变经济发

展方式，把推动发展的立足点转移到提高质量和效益上来。这是从根本上解决我国经济社会发展中"三不"矛盾、实现经济持续健康发展的必然要求，是实施创新驱动发展战略的重要目标和战略路径。党的十八大以来，围绕"五位一体"总体布局，党中央、国务院相继出台了一系列加强资源利用、环境保护、生态文明建设、节能减排等方面的重大改革和政策措施，确保创新驱动发展沿着科学发展轨道稳步前行，中国版的创新驱动发展蓝图正在绘就。

（二）创新驱动之科技核心观

科技是第一生产力。党的十八大强调科技创新是提高社会生产力和综合国力的战略支撑，必须摆在国家发展全局的核心位置。深入学习习近平总书记关于科技创新系列重要讲话，我们体会主要有三大突破。

1. 提出了科技核心的重要论断

习近平总书记指出，实施创新驱动发展战略，要推动以科技创新为核心的全面创新，要紧紧抓住科技创新这个牛鼻子。我们在世界科技创新的大赛场上不能落伍，必须迎头赶上、奋起直追、力争跨越。这一"科技核心"论断既符合我国经济发展进入新常态下更加迫切需要依靠科技创新转变发展方式的现实需求，更是顺应当今世界新一轮科技革命和产业变革大势，是赢得主动、后来居上、弯道超车的重大战略思想。

2. 确立了走自主创新发展道路

习近平总书记强调，实施创新驱动发展战略，最根本的是要增强自主创新能力，坚定不移走中国特色自主创新道路。他进一步分析指出，从总体上看，我国科技创新基础还不牢、自主创新特别是原创力还不强，关键领域核心技术受制于人的格局没有从根本上改变。只有把核心技术掌握在自己手中，才能真正掌握竞争和发展的主动权。

3. 强调构建"三链统筹"和"四个对接"的科技创新机制

习近平总书记指出，我国科技发展的方向就是创新、创新、再创新。要深入推进协同创新和开发创新。要着力围绕产业链部署创新链，围绕创新链完善资金链，聚焦目标，集中资源，形成合力。他强调科技成果只有和国家需要、人民需求和市场需求相结合，才能实现创新价值，实现创新驱动发展。要强化科技同经济对接、创新成果同产业对接、创新项目同现实生产力对接、研发人员创新劳动同其利益收入对接，形成有利于出创新成果、有利于创新成果产业化的新机制。

在贯彻落实中，就要求我们坚定不移全力推动科技体制改革，把科技体制机制改革与经济社会领域改革有机有序结合，以最大的勇气敢于啃"硬骨头"、敢于涉险滩、敢于过"深水区"，破除制约科技创新的思想障碍和制度藩篱，打通科技创新与经济发展的直接通道，消除科技资源配置分散、重复、细碎化的弊端，打破科技成果转移转化的隔离墙，切实突出企业创新主体地位，建立激发"大众创业、万众创新"的政策环境和制度环境。

（三）创新驱动之人才优先观

人才资源是第一资源。创新的事业呼唤创新的人才。习近平总书记指出，人是科技创新最关键的因素。我国要在科技创新方面走在世界前列，必须在创新实践中发现人才，在创新活动中培育人才，在创新事业中凝聚人才，必须大力培养造就规模宏大、结构合理、素质优良的创新型科技人才。我们要把人才资源开发放在科技创新最优先的位置。要坚持竞争激励和崇尚合作相结合，促进人才资源合理有序流动。要在全社会积极营造鼓励大胆创新、勇于创新、包容创新的良好氛围，要完善好人才评价机制。习近平总书记提出的人才最优先理念，对于推动人才强国，加快创新驱动发展具有重大指导意义。

从现实来看，我国已经成为国际上人力资源大国、科技队伍大国，这是我们创新发展的坚实基础。但是，我国人才队伍面临的问题也十分突出。世界顶尖人才大师缺乏，在国际科技创新竞争中的发声不足，话语权受限。专业化实用技术人才不足，农村知识型劳动力更是匮乏，难以适应新常态下产业转型升级的人才需要。人才创新激励政策滞后，人才评价导向功利化倾向突出，人才流动难以自如，等等。

我们必须贯彻人才优先战略思想，下更大决心和力气加大人才制度改革，破除一切阻碍人才队伍发展的思想观念，让优秀人才工作更有激情、生活更有尊严。要改革政府人才管理和服务机制，给各类创新人员一片自主天空，给创新人才一个宽松自在、潜心创新、自由流动的政策环境，完善建立科学合理的人才业绩评估导向机制。要改革科技创新收益分配机制，让科技人员以自己的发明创造合理合法富起来，激发他们持久的创新动力。

（四）创新驱动之系统改革观

改革是解决一切问题的金钥匙。在创新与改革关系上，习近平总书记辩证地指出，创新驱动是新引擎，改革是点火系，唯改革者进，唯创新者强，唯改革创新者胜。这就要求我们只有坚持改革，才能实现创新驱动发展。

关于改革创新的方法论问题，习近平总书记强调，改革开放只有进行时没有完成时。改革是一场深刻革命，是前无古人的崭新事业，必须坚持正确方法论。要加强宏观思考和顶层设计，更加注重改革的系统性、整体性、协调性。要弄清楚整体政策安排与某一具体政策的关系、政策顶层设计与分层对接的关系、政策统一性和政策差异性的关系、长期性政策和阶段性政策的关系，既不能以局部代替整体、又不能以整体代表局部。要搞好顶层设计，及时推出有针对性的改革措施，大胆探索，务求实效。

以推进科技创新改革为例来看，党的十八大以来，围绕科技创新发展的重大改革问题，党中央、国务院先后从顶层设计入手，出台了《关于深化科技体制改革加快国家创新体系建设的意见》《关于深化体制机制改革加快实施创新驱动发展战略的若干意见》等重要纲领性文件，确立了科技体制机制改革的主导方向、总体部署和政策重点。此后又坚持问题导向，从解决制约科技创新的具体问题入手，相继出台了《深化中央财政科技计划（专项、基金等）管理改革的方案》《关于加快科技服务业发展的若干意见》《关于加快建立国家科技报告制度指导意见》《关于发展众创空间推进大众创业万众创新的意见》等导向明显、含金量高且赢得广泛支持点赞的重大政策。在此基础上，最近又出台了涵盖143条政策的《关于深化科技体制机制改革实施方案》。

整个改革进程以习近平总书记关于科技创新改革重要论述为指导，贯彻创新改革系统方法论，把握总体部署与局部突破链接，顶层设计与具体环节相连。社会普遍认为，十八大以来的科技体制机制改革在政策上有许多新突破，触及了不少科技界长期以来存在的痼疾，极大地激发了大众创业、万众创新的前所未有的积极性和创造力，为全面落实以科技创新为核心的全面创新，奠定了更加完善有效的政策基础和制度基础。

（2015 年 10 月 11 日发表于《科技日报》）

二、深刻领会我国社会主要矛盾 历史性变化的重大意义

——学习党的十九大报告体会

党的十九大报告指出，中国特色社会主义进入新时代，我国社会主要矛盾已经转化为人民日益增长的美好生活需要和不平衡不充分的发展之间的矛盾。学习报告后笔者认为，这个重大政治判断是马克思主义唯物辩证法和中国改革发展历史性变革相结合的重大创新和突破，是习近平新时代中国特色社会主义思想的重要内容，也是新时代党和国家全局工作的重要指引，为制定党和国家大政方针、长远战略提供了重要依据。我们要全面领会，把思想和行动统一到党的十九大精神上来。

马克思主义科学发展观认为，社会主要矛盾是一个国家生产力发展水平和社会发展阶段的客观反映。有什么样的生产力发展水平、处于什么样的发展阶段，就会有什么样的社会主要矛盾。社会主要矛盾变化是一个自然的历史过程，人们不可能主观选择；但对其判断必须及时准确，认识超前或滞后都会干扰社会发展进步，甚至会阻碍社会生产力发展。

之前，关于我国社会主要矛盾的提法一致是"人民日益增长的物质文化需要同落后的社会生产之间的矛盾"。作出这一判断，主要是基于当时我国经济社会发展水平不高、社会生产力相对落后。经过近40年的改革开放，我们党带领全国人民告别贫困、跨越温饱，即将实现全面小康。我国社会生产力水平空前提高，社会生产能力在很多方面进入世界前列，中国特色社会主义制度日益成熟定型。我国生产力发展水平和人民对美好生活的需要都发生了变化。

一是我国社会生产力水平总体上跨入新台阶，经济实力显著提升。经济总量、货物进出口和服务贸易量居于世界第二位，制造业增加值、高铁、高速公路、港口吞吐量、互联网服务等居于世界第一位，220多种工农业产品生产能力稳居世界第一，人均占有量出现不少过剩。以往的短缺经济和供给不足状态发生了根本性改变，摆脱了落后生活生产的束缚，进入物质

生产相对丰富的新阶段。

二是人民生活水平显著提高，温饱型生活转向对更加美好生活的强烈向往。不仅要吃饱更要吃得安全健康，不仅要城市化更要绿色智慧，不仅要充分就业更要良好教育，不仅要增加收入更要可靠社会保障，不仅要活得舒适更要公平正义，等等。人民的需要已经不能只讲物质文化需要了，而是物质文化的硬需要和精神文化的软需要，全要素需要更加明显。

三是发展不平衡不充分的问题以及由此引发的其他问题，成为影响满足人民美好生活需要的主要制约因素。发展不平衡，主要是指各地区各领域各行业等各个方面发展不够平衡，制约了全国总体发展水平提升；发展不充分，主要是指一些地区、一些方面还存在发展不足的问题。"不平衡不充分"表现在诸多方面。相对于经济建设而言，社会、生态、文化建设问题相对较突出。这种不平衡不充分不仅表现在落后地区、农村发展不充分，落后地区与发达地区、农村与城市发展不平衡；而且表现在东部发达地区包括一些大城市依然有发展不平衡、不充分的现象，如高质量的医疗、教育还是稀缺资源，高等级的城市地下管网建设刚刚起步，有的城市还存在不少"城中村"。因此，发展不平衡不充分已经成为满足人民日益增长的美好生活需要的主要制约因素。

必须深刻领会到，中国特色社会主义进入新时代，党的十九大科学判断出我国社会主要矛盾的变化是关系战略全局的历史性变化，这个主要矛盾是不忘初心，把人民对美好生活的向往作为我们奋斗目标的重大目标导向。学习领会这个重大变化，就要求我们在继续坚持发展这个第一要务的基础上，以人民为中心，着力解决好发展不平衡不充分问题，大力提升发展质量和效益，更好满足人民在经济、政治、文化、社会、生态等方面日益增长的需要，更好推动人的全面发展、社会全面进步。

必须深刻认识到，我国社会主要矛盾的变化没有改变我们对我国社会主义所处历史阶段的判断。在这一时期呈现的发展阶段性特征是在社会主义初级阶段这一大背景下的新特征、新状态、新矛盾，而不是超越了社会主义初级阶段的阶段性特征。我国仍处于并将长期处于社会主义初级阶段的基本国情没有变，我国世界最大发展中国家的国际地位没有变，我们仍然要牢牢坚持党的基本路线这个党和国家的生命线、人民的幸福线。对于这一点，必须有足够的战略清醒和战略定力。

必须深刻理解到，要着力解决新时代社会主要矛盾，需要正确认识和妥善处理"变"与"不变"的辩证关系。一方面，要坚持改革开放不放松，主动顺应"变"、大力促进"变"，对经济社会发展体制机制和政策安排适时进行调整变革；另一方面，要坚持"咬定青山不放松"，抓住发展这个第一要务不动摇，立足"不变"、坚守"不变"，继续为发展新时代中国特色社会主义夯实经济基础。

（完成于 2017 年）

三、用新发展理念统领现代农业科技的思考与建议

我国农业已经进入向现代化转型升级的关键阶段，中国特色农业现代化建设既面临重大机遇，也面临严峻挑战。党的十八大以来，党中央把农业农村工作提高到更加突出的重中之重战略地位。习近平总书记关于"三农"的一系列重要论述，对解决新的历史条件下"三农"问题有很强的引领性和针对性，对于推进我国农业发展具有重大指导意义。党的十八届五中全会提出了"创新、协调、绿色、开放、共享"发展新理念。在学习领会中认为，新阶段农业科技必须全面贯彻新发展理念和习近平总书记系列讲话精神，立足我国现代农业发展实际，科学谋划"十三五"农业科技创新发展。谈以下几点思考和建议。

（一）坚持创新发展，着力打造农业科技引领性力量

习近平总书记指出：创新是引领发展的第一动力，抓创新就是抓发展，谋创新就是谋未来。不创新就要落后，创新慢了也要落后。"农业出路在现代化，农业现代化关键在科技进步。我们必须比以往任何时候都更加重视和依靠农业科技进步。"我国要由农业大国成为农业强国，根本出路在于实施创新驱动，以强有力的科技创新能力引领驱动传统农业向现代农业发展。我国农业科技发展整体上依然处于"跟跑为主"阶段，"并跑"力量有所进展，但"领跑"力量很弱。唯有科技强才能引领实现农业强。农业科技创新必须下大力培育打造引领性创新力量，才能建成世界农业科技强国。

一是要着力解决农业产业主体中缺乏知名大企业的"短板"，切实落实扶持企业创新主体各项政策，加快培育农业领域引领性企业群，打造一批具有竞争力的创新型农业龙头企业。

二是着力解决农业领域人才团队严重不足的"短板"，切实落实人才制度改革政策，各类人才计划对农业采取差异化措施，加快培养造就一批领军型人才和团队。

三是着力解决农业领域创新条件基地不足的"短板",扩大农业领域各类重点实验室、工程技术中心、科技创新中心等基地建设,充分发挥国家农业科技园区的作用,给予有条件的国家农业科技园区同等享受国家高新区有关优惠政策。

四是着力解决农业领域标志性、颠覆性技术不足的"短板",深化农业科技体制改革,集中资源,聚焦难点,突出前沿,部署一批引领性重大科技项目和科技工程,形成持续稳定支持机制和产学研联合协同机制,培育形成一批具有显著影响力和带动力的领跑型或并跑型的重大科技成果。

(二) 坚持协调发展,以科技促进城乡区域协调发展

习总书记指出:"城乡发展不平衡不协调,是我国经济社会发展存在的突出矛盾。根本解决这些问题,必须推进城乡发展一体化。"党的十八届五中全会把"协调"作为五大发展理念之一,提出要重点促进城乡区域协调发展,促进经济社会协调发展,促进新型工业化、信息化、城镇化、农业现代化同步发展。我国是世界上城乡差距和区域发展差距比较突出的发展中国家之一,实现"四化同步"战略和全面建成小康社会目标,难度最大的是广大乡村和中西部地区。解决城乡不协调、区域不协调的问题是坚持协调发展的重大任务,也是农业科技必须关注的重要方面。

一是要推动科技引领建立城乡一体化互补性的现代农业产业结构,充分运用新技术带动新要素由城市向农村转化转移。

二是要推动建立第一、第二、第三产业融合型现代农业,发展信息农业、电子商务农业、互联网农业、创意农业、休闲农业等各类新的产业,培育一批高端化创新引领企业。

三是要重视发展各类园区产业经济,特别是要发挥全国上百个国家级农业科技园区的产业聚集、技术聚集和要素聚集的独特作用,园城(镇)融合,促进一体化协调发展。

四是农业科技要面向农业主产区、特色农业区、生态功能区等农业功能区的发展需求,同时,服务于"京津冀"、"长江经济带"、"一带一路"

等国家区域发展重大战略需求，统筹部署，系统构建区域农业科技协同创新联合体，培育区域农业产业集群。

（三）坚持绿色发展，构建绿色健康现代农业新体系

习总书记在山东考察时指出："要以解决好地怎么种为导向，加快构建新型农业经营体系；以解决好地少水缺的资源环境约束为导向，深入推进农业发展方式转变；以满足吃得好吃得安全为导向，大力发展优质安全农产品"。他还强调"中国要美，农村必须美"。全面建成小康社会的重要标志是提高人民生活水平和质量。人们不仅要吃饱、还要吃好、更要吃得安全。我们必须依靠科技发展健康农业，建设美丽乡村。

一是以解决地怎么种为导向，构建集约高效型农业体系。从技术上就是要解决如何实现耕地越种越好。坚持精耕细作与现代新技术结合，建立良田良种良法集成配套技术体系。重点是加快培育高产优质良种，突破精准化农业信息技术，减少肥药投入，保护耕地健康。加强全程农业机械化技术及农业标准化技术。

二是以解决地少水缺约束为导向，构建资源节约型农业体系。加快转变农业发展方式，积极发展高效节地节水农业。要发展多种作物多元化复种农业，提高耕地种植指数和耕地利用率；要发展现代设施农业技术，提高土地资源利用率；要发展高效节水农业技术和旱作农业技术，提高水资源利用率；要攻克低产田高效改良技术，提高粮食等农产品后备产量储备能力。

三是以满足吃得好吃得安全为导向，构建安全健康型农业体系。保障人民健康是农业发展的根本目标。要建立食品安全系统化技术解决方案，要转变高产农业方式为健康营养农业。发展农业环境修复治理技术和清洁农业生产技术，解决好"以健康水土生产出健康农产品"。构建营养安全的农产品加工产业链。要突破农产品质量安全检验检测重大技术与设备，建立从生产–加工–流通–餐饮全程化、信息化质量安全追溯体系。

（四）坚持开放发展，提升农业产业整体竞争力

习总书记指出：中国要强，农业必须强。党的十八大明确指出，要适

应国内外经济形势变化，加快转变经济发展方式，把推动发展的立足点转移到提高质量和效益上来。我国农业产业发展已经处于国内国际两大市场紧密关联和交织竞争的开放发展时代，产品竞争、资源竞争日趋严峻，农产品价格竞争和农产品国际贸易更是让我国诸多农产品面临巨大压力。产业竞争力的关键是质量和效益，而最核心的则是技术水平。

坚持开放发展，从科技角度而言，需要强化三方面的工作。

一是要强化依靠科技提高农业产业质量竞争力水平，改变长期的高产化产量型农业技术方向，重点突出加强发展质量型农业重大关键技术研发应用，特别是发展低成本、低消耗的农业新品种、新技术和新装备。

二是要强化依靠科技创造农业产业品牌竞争力，加强产品标准和品牌技术应用，注重农业企业品牌、消费品牌和创意品牌的研发和推广。

三是要强化农业科技国际合作，拓展国际农业技术开发度，要善于引进国际先进技术，更要注重我国先进技术产品走出国门，扩大技术出口，尤其是加强"一带一路"沿线国家的农业科技合作，在国际市场竞争中塑造中国品牌，倒逼提升我国农业的国际竞争能力。

（五）坚持共享发展，推动农业科技助力强县富民

习总书记指出：中国要富，农民必须富。小康不小康，关键看老乡。全面建成小康社会的重点是农民。全面脱贫攻坚战的重点是农村。坚持共享发展理念，必须把解决农村小康和全面脱贫放在最突出地位。

一是要加快农业科技转化，实施农业科技成果转化行动，实现农业科技成果与农民致富的需求紧密对接，促进农村致富创业。

二是要解决农村科技推广"最后一公里"问题，推进农村信息化建设，完善农村科技服务体系，既要更加注重公益性推广体系发挥好重要作用，也要大力发展科技特派员、农民合作组织、农业中小微企业、农村星创天地等社会化服务体系。

三是要部署健康农村科技行动，着力解决农村环境、饮水安全、地方病、自然灾害等涉及农村健康安全生活的有关技术难题，为健康清洁农村提供技术支撑。

四是要部署科技扶贫专项行动，统筹部署科技力量，制定精准脱贫科

技支持规划，为打赢全面脱贫攻坚战提供科技服务。

五是要加强农村科学普及工作，完善农村科普基地，建设科普队伍，以科普增强农村"造血"功能，以治愚带动致富。

（2016 年发表于新疆科技厅网站）

四、深刻领会习近平精准扶贫新理念的内涵和意义

——学习习近平关于扶贫工作重要论述体会

2013 年 11 月，习近平总书记在湖南省湘西土家族苗族自治州十八洞村考察时首次提出"精准扶贫"概念，指出"扶贫要实事求是，因地制宜。要精准扶贫，切记喊口号，也不要定好高骛远的目标"。近几年来，习近平总书记多次对精准扶贫作出重要论述，大部分收编在《习近平扶贫论述摘编》的第三部分。党的十八以来，精准扶贫新理念在波澜壮阔的脱贫攻坚实践中不断丰富和完善，已经成为我国脱贫攻坚的基本方略和行动指南，也为世界减贫事业提供了中国方案。在目前进入全面脱贫攻坚的决战阶段，更值得我们深入学习、深刻领会，才能确保打赢脱贫攻坚战。通过学习，重点谈两方面体会。

（一）全面把握习近平精准扶贫理念的丰富内涵

1. 把握核心要义

习近平总书记 2014 年讲话指出：精准扶贫，就是要对扶贫对象实行精细化管理，对扶贫资源实行精确化配置，对扶贫对象实行精准化扶持。2015 年 6 月，习近平总书记再次强调，切实做到精准扶贫，必须要做到"六个精准"，即扶贫对象精准、项目安排精准、资金使用精准、措施到户精准、因村派人精准、脱贫成效精准。"三化""六精准"从总体上体现了习近平精准扶贫新理念的核心要义，具有独特的理论创新与方法创新。习近平总书记 2017 年在十八届中共中央政治局第三十九次集体学习时讲话再次强调指出：把握精准是要义，脱贫攻坚贵在精准，精准识别、精准施策。因人因户因村施策，对症下药、精准滴灌、靶向治疗。

2. 理解四个核心问题

从扶贫工作实际过程来看，习近平精准扶贫新理念的内涵集中体现在习近平对"扶持谁""谁来扶""怎么扶""如何退"四个核心问题的论述上，并以此全面指导精准扶贫工作。

一是解决好"扶持谁"问题。习近平总书记指出："扶贫必先识贫。要解决好'扶持谁'的问题，确保把真正的贫困人口弄清楚，把贫困人口、贫困程度、致贫原因等搞清楚，以便做到因户施策、因人施策。"解决"扶持谁"的问题，关键是实现"扶持对象精准"，具体工作内容为精准识别和精准管理。在这个理念指导下，2014年4月，国务院扶贫办印发《扶贫开发建档立卡工作方案》，5月又联合中央和国家有关部门印发《建立精准扶贫工作机制实施方案》等文件，对贫困户和贫困村建档立卡的目标、方法和步骤、工作要求等作出部署。2014年4—10月，全国组织80万人深入农村开展贫困识别和建档立卡工作，共识别12.8万个贫困村、8 962万贫困人口，建立起全国扶贫开发信息系统，精准化管理水平显著提高，较好地解决了"扶持谁"的问题。

二是解决好"谁来扶"问题。习近平总书记指出："要解决好'谁来扶'的问题，要加快形成中央统筹、省（自治区、直辖市）负总责、市（地）县抓落实的扶贫开发工作机制，做到分工明确、责任清晰、任务到人、考核到位。"在这个新理念指导下，近年来，我国建立起一整套行之有效的脱贫攻坚责任体系，层层签订脱贫责任书、立下军令状，形成省市县乡村五级书记抓扶贫工作格局。普遍建立干部驻村帮扶制度，全国共选派77.5万名干部驻村帮扶、19.5万名优秀干部到贫困村和基层组织薄弱涣散村担任第一书记，解决扶贫"最后一公里"难题。鼓励东西扶贫协作深化、"万企帮万村"等社会扶贫，有声有色，形成了优越社会主义制度下，全社会参与扶贫格局。

三是解决好"怎么扶"问题。习近平总书记提出要"按照贫困地区和贫困人口的具体情况，实施'五个一批工程'""要提高扶贫措施有效性，核心是因地制宜、因人因户因村施策，突出产业扶贫，提高组织化程度，培育带动贫困人口脱贫的经济实体。"推进精准帮扶工作是解决"怎么扶"问题的重点，"要大力加强医疗保险和医疗救助""要重点解决深度贫困地区""要聚焦特殊贫困人口精准发力""产业扶贫是稳定脱贫的根本之策"，等等。在这个新理念指导下，中央和国家机关各部门共出台100多个政策文件或实施方案，各地方相继出台和完善"1+N"的脱贫攻坚系列文件，扶贫脱贫帮扶体业已形成。

四是解决好"如何退"问题。习近平总书记指出了"五个要"："精准脱贫要设定时间表，实现有序退出；要留出缓冲期，在一定时间内实行摘帽不摘政策；要实行严格评估，按照摘帽标准验收；要实行逐户销号，做到脱贫到人；要同群众一起算账，要群众认账。"在这个新理念指导下，2016 年 4 月，中办、国办印发《关于建立贫困退出的意见》，对贫困户、贫困村、贫困县退出的标准、程序和相关要求做出细致规定。严格实施考核精准扶贫评估制度，组织开展省级党委和政府扶贫工作成效考核第三方评估，对各省（自治区、直辖市）脱贫攻坚成效开展综合分析，形成考核意见，将考核结果作为省级党委、政府主要负责人和领导班子综合考核评价的重要依据。

（二）深刻认识习近平精准扶贫新理念的重大意义

1. 习近平精准扶贫新理念是源于实践又指导实践的伟大创举

习近平总书记长期始终高度重视贫困农民和扶贫开发实践。习近平总书记说"多年来，我一直在跟扶贫打交道，其实我就是从贫困窝子里走出来的。"长期的扶贫工作实践，既历练了总书记坚韧不拔的精神大品格，也成熟了总书记扶贫思想的大智慧。早年在延安 7 年知青时期，习近平就把自己的汗水洒在了梁家河村脱贫致富上，带领农民修水坝、建沼气等。20 世纪 80 年代末期，习近平在福建省宁德工作期间提出了"弱鸟先飞"的发展理念，其中，不乏精准扶贫的理念；90 年代，在福建省委工作期间，开创了东西部扶贫协作的"闽宁模式"。2012 年年底，习近平总书记在河北省阜平县考察扶贫开发工作时提出了一系列扶贫开发战略思想。从 2013 年年底首次提出精准扶贫的新理念，到 2019 年"两会"期间参加甘肃省代表团审议时的讲话，一系列关于扶贫脱贫的重要论述，集中展现了习近平总书记关于精准扶贫新理念形成与发展的内在逻辑和理论体系，集中体现了习近平总书记始终坚持实事求是、一切从实际出发、理论联系实际的优良传统以及以人民为中心的执政兴国理念。习近平精准扶贫新理念成为习近平新时代中国特色社会主义思想的重要组成部分。

2. 习近平精准扶贫新理念是引领新时代扶贫开发理论创新的指导思想

习近平总书记明确指出："消除贫困、改善民生、实现共同富裕，是社会主义的本质要求，是我们党的重要使命。"贫穷绝不是社会主义，社会主义国家一定要消灭贫穷，这是对扶贫问题的政治理论意义的深刻把握。中国自1978年以来，先后经历了40年的扶贫实践和理论探索。党的十八大以来，我国扶贫开发步入攻坚拔寨、攻坚克难的新阶段，贫困问题发生了新变化，贫困问题的复杂性、艰巨性前所未有，面对救济式、输血式、大水漫灌式扶贫存在的问题，迫切需要创新扶贫开发理论指导。习近平精准扶贫新理念的理论指导意义主要体现在如下4个方面。

一是坚持以人民为中心发展思想、坚持"创新、协调、绿色、开放、共享"新发展理念的全面扶贫战略体系。

二是坚持统筹部署、精准施策、全面推进，抓重点地区、重点人群、重点领域等系统建构综合性扶贫治理体系。

三是突出加强政府引导和主导作用作为减贫成效提升的根本。通过"中央统筹、省负总责、市（地）县抓落实"管理机制提升政府扶贫整体效能，激发强大的扶贫动能，构筑多元主体参与扶贫格局。

四是坚持"扶贫扶志扶智"并举，激发内生发生动力，建立长效脱贫机制，着力探讨培育贫困群众内源发展的治理机制，为实现贫困人口自我发展提供依据。

3. 习近平精准扶贫新理念是统领脱贫攻坚实践的行动指南

面对全面脱贫攻坚决战时期的重大挑战，除了要下更大的决心和投入更多的资源外，更迫切需要科学合理、有效管用的贫困治理新方略新方法新措施。习近平精准扶贫新理念为之开出了一剂又一剂"良方"，围绕"精准"二字全面部署，提出了"扶真贫、真扶贫、真脱贫"的扶贫开发总目标；"六个精准"论述为转变扶贫工作方式指明了方向和着力点；"五个一批"脱贫路径论述为扶贫工作指明了工作重点任务；对"扶持谁、谁来扶、怎么扶、如何退"等4个问题的阐述推动了扶贫开发体制机制创新和改革。正是在习近平精准扶贫新理念指导下，我国扶贫事业取得了历史性成就，短短6年间现行标准下的农村贫困人口累计减少8 000多万人，每年减贫规模都在1 000万人以上，前所未有，也改变了以往新标准实施后减贫人数逐年递减的趋势。

4. 习近平精准扶贫新理念是促进全球减贫事业发展的重大贡献

世界银行按照人均收入每人每天1.9美元最新标准估计，全球还有7亿贫困人口，约占总人口的 9.6%。贫困问题是全球性挑战。中国成功经验为全球减贫事业提供了重要借鉴。根据世界银行统计，全球范围内，近几年每 100 人脱贫，就有 70 多人来自中国。联合国驻华协调员、联合国开发计划署驻华代表罗世礼说："中国有非常有力的领导人的指引，非常有远见。"德国席勒研究所驻美国休斯敦代表布莱恩·兰茨表示，中国在脱贫攻坚方面所做的努力为其他国家树立榜样，成就有目共睹。新西兰商学院院长黄伟雄表示，2020 年如期消除绝对贫困后，中国将提前 10 年完成联合国 2030 年可持续发展议程制定的消除贫困目标，这将给全球减贫事业注入巨大信心，中国的扶贫解决方案值得许多国家借鉴。

（写成于 2019 年 4 月）

五、唱响科技创新三部曲　支撑引领
新疆现代农业发展

——学习 2015 年中央一号文件体会

在我国经济步入新常态下，2015 年中央一号文件对推进农业现代化作出了一系列新的重大部署，突出强调要在转变农业发展方式上有新突破，要突出注重提高竞争力、注重农业科技创新、注重可持续发展，走产出高效、产品安全、资源节约、环境友好的中国现代农业发展道路。只有农业稳定，新疆维吾尔自治区（以下简称新疆）才能稳定。从新疆农业发展出发，今后农业发展的出路在科技，潜力在科技，要毫不动摇地依靠科技创新驱动，实施三大战略，支撑引领新疆农业现代化。

（一）实施可持续发展战略，依靠科技创新，转变农业发展方式，打牢新疆现代农业发展根基

中央农村工作会议重申，我国农业已经处于高成本、高补贴的"天花板"以及资源环境承载极限"紧箍咒"的双向高压时期，这就决定了我国农业必须由追求高产再高产农业向高效集约持续农业转变。从新疆农业来看，全区粮食取得 7 年连续增产，农业发展总体向好，但我们存在的"双高压态势"更加明显，棉花、羊肉等传统优势产品成本收益率大幅下降，全疆水土资源环境压力更加紧迫，劳动力资源比较优势日渐消失，今后如何耕种的问题已经成为能否坚持"两个可持续"发展战略的重大制约。

靠什么破题"天花板"、破解"紧箍咒"？关键要靠科技创新，加快农业发展方式的转变。要大力发展节肥、节药、绿色低成本农业综合技术体系，提出破解降低成本、提高农业效益的科技解决方案。要围绕水土资源约束问题，适应全疆，特别是南疆农业结构调整的新常态，组织启动南疆盐碱地生态农业技术重大科技工程，突破节水农业、盐土适应农业、生物多样性保护、农膜污染治理等共性关键技术，形成破解水土资源约束的技术解决方案。

（二）实施质量安全战略，依靠科技创新，大力提质增效，强化新疆现代农业核心竞争力

中央一号文件提出要在优化农业结构上开辟新途径。实践表明，农业结构优化一靠市场二靠技术。要组织实施一批农业科技创新工程，系统加强新疆种业、林果业、畜牧业等传统优势产业的技术水平，发展优质特色农业，以技术创新带动结构创新。中央一号文件还提出要提升农产品质量安全和食品安全水平。农产品质量和食品安全问题已成为制约农业健康稳定发展的重大问题。食品安全既是"产出来"，也是"管"出来的。

从科技角度来讲，必须要在农产品质量安全生产技术体系和食品安全监管技术体系上下功夫。要加强农业物联网、装备智能、农产品加工等产业链共性技术装备，搭建产业化技术平台，提高农产品加工能力和增值能力，拓展就业增收空间。大面积研究推广资源高效利用、有机农业、绿色生态环保等技术，建设从田间到餐桌、从农场到商场一体化的安全环境—清洁生产—生态储运全覆盖农产品质量和食品安全技术支撑保障体系，推动新疆农业向生态化、安全化、健康化发展。这既是实现新疆农业现代化发展之大计，也是提升新疆农业整体市场竞争力关键所在。

（三）实施品种创新战略，依靠科技创新，引领新业态，促进新疆现代农业一、二、三产业融合发展

中央一号文件首次提出要推进农业一、二、三产业融合发展。从国际来看，"三产融合"新农业是现代农业发展的一大趋势。新型现代农业由单纯的农作物生产向农产品加工和流通及休闲服务业等领域交融发展，产业链得以延伸，实现农业附加值的增加和农民的增收。发展新型农业的关键是以现代服务业、现代信息化、现代品牌等引领农业产业融合和产业升级，而核心是创新要素聚集。

近年来，新疆马产业、生物种业、设施农业、特色林果产业等重大科技专项和重点科技项目的启动实施，促进了特色优势产业技术升级，推动了科技成果转化和产业化。其中，国家和自治区马产业重大科技项目在全区5个地州9个县示范推广，牧民收入益增长5倍以上，基本形成了马产业

"一二三"产业体系。与此同时，新疆要抓住一带一路战略机遇，要加大创新品牌培育，以品牌战略引领三产融合。面向全国和中亚，建立新疆丝路创新品牌培育体系，开展特色产品、民族文化观摩体验和网上交易，大力发展新疆创新品牌电子商务，打造培育新疆企业创新品牌，提升新疆特色产业发展层次和品牌竞争力，把新疆建设成为丝绸之路上农产品品牌数量最多、品牌质量最好、品牌消费最火的国际品牌农业高地。

（发表于 2015 年 2 月 19 日《新疆科技报》）

六、打造科技创新引领性力量 加快创新型新疆建设

——学习新疆维吾尔自治区科技创新大会精神体会

党的十八大以来，习近平总书记把创新摆在了国家发展全局的核心位置，高度重视科技创新，围绕实施创新驱动发展战略、加快推进以科技创新为核心的全面创新，提出一系列新思想、新论断、新要求。2016年9月17日，全区召开的深入贯彻落实习近平总书记关于新疆工作总目标再动员会议，对做好当前和今后一个时期全区工作作出了全面部署、提出了明确要求，为进一步做好科技工作指明了方向。我们要认真贯彻党中央和自治区的战略决策和部署，准确把握国内外科技发展趋势，深刻认识引领经济发展新常态的新要求，发挥科技创新在供给侧结构性改革中的基础、关键和引领作用。

围绕社会稳定和长治久安总目标，着力打造科技创新引领性力量，就要牢固树立创新、协调、绿色、开放、共享的新发展理念，围绕自治区社会稳定和长治久安总目标，把创新驱动作为优先战略，把创新作为第一动力。全区各地、各部门都要切实增强责任感、使命感和紧迫感，深刻理解以习近平同志为核心的党中央关于创新驱动的重大决策部署，深刻理解全面加快创新型新疆建设对实现新疆社会稳定和长治久安的重大意义，切实做到认识上再动员、措施上再强化、行动上再落实，加快各领域科技创新，推动新疆经济社会持续健康发展。

围绕社会稳定和长治久安总目标，着力打造科技创新引领性力量，就要我们在产业结构和产业体系上更加适应向西开放的要求，充分发挥新疆在丝绸之路经济带核心区地位以及优势产业的带动作用，坚持优势优先，培育一批创新引领型产业集群，以产业突破带动科技创新。壮大一批科技创新主体，以一流的主体保障科技创新。加大科技企业引进力度，培育一批行业领军企业。推动大型企业研发工作，提高企业研发水平、科技实力和竞争力。

围绕社会稳定和长治久安总目标，着力打造科技创新引领性力量，就

要加大科技创新力度，强化科技创新驱动载体作用。建设一批创新引领高地，以要素集聚激发科技创新。按照发展高科技、培育新产业的方向，转型升级、提升水平，充分发挥高新产业开发区的引领和辐射带动作用。打造一批高水平创新平台，以条件建设支撑科技创新。用好国家工程中心、工程实验室、企业技术中心等各类研发平台，提升企业技术创新水平。实施一批重大科技项目，以关键技术突破推动科技创新。要加快推进国家和自治区重大科技专项，攻克一批事关新疆全局的关键核心技术，形成一批重大科技成果，加快集成应用和示范推广。要积极推进科技成果产权制度改革，完善科技成果交易、知识产权交易服务体系，加大知识产权保护力度，推动创新成果同产业对接、创新项目同现实生产力对接，增强科技创新活力，形成产业发展的新动能，应用在实现新疆社会稳定和长治久安之总目标的进程中。

围绕社会稳定和长治久安总目标，着力打造科技创新引领性力量，就要增强新疆的经济实力、科技实力。只有这样，科学技术才能获得持续发展的源头活水，也才能充分发挥第一生产力的巨大作用。要大力推进研发工作，努力搭建各行业的创新平台，加强特色优势行业的关键共性技术攻关，提升基础工业的技术水平，抢占未来竞争的制高点。要切实抓好孵化环节，大力促进成果转化，积极培育科技型企业，设立服务机构、打造服务平台，为孵化器内的企业提供实实在在的扶持帮助。

围绕社会稳定和长治久安总目标，着力打造科技创新引领性力量，就要面向维护社会稳定和长治久安的重大需求，持续增强科技维护稳定的能力。要面向保障和改善民生的重大需求，持续增强科技惠民的能力。要面向经济持续快速健康发展的重大需求，持续增强科技创新驱动载体的能力。要面向全面脱贫攻坚的重大需求，持续增强科技精准扶贫脱贫的能力。要面向建设美丽新疆的重大需求，持续增强科技服务生态文明建设的能力。

全区各地、各部门只有做到"五个面向"，才能站在推进新疆社会稳定和长治久安的高度，系统领会创新驱动发展的丰富内涵、核心要义，确保实现依靠创新驱动的引领型发展。实施科技惠民专项行动和科技精准扶贫攻坚专项行动。开展医疗科技惠民工程，安全科技惠民工程，生态科技惠民工程，大力发展新能源，推动循环经济发展，建设美丽新疆。加大科技对产业扶贫的支持力度，推进科技特派员农村科技创新创业行动，强化科技兴新工程，大力推广农村实用技术，大力发展节水农业，壮大特色农牧产业、旅游业、民族手工业等优势产业，加强劳动技能培训，加大农牧区科技明白人培养力度，扶持引导农牧民建立各类技术合作组织，增强村集体经济实力和服务功能，不断增强农牧民科技致富、科技创业的能力。

全面实施创新驱动发展战略，加快建设创新型新疆，是我们的重大责任和光荣使命。我们要紧紧围绕总目标，结合产业发展，制定出符合新疆实际的措施，在全社会形成重视、鼓励、扶持科技创新的良好氛围。着力打造创新引领性力量，为新疆社会稳定和长治久安作出应有的贡献。

（完成于 2016 年 11 月）

七、借鉴东部经验　谋划新疆创新发展大计
——赴北京、上海、安徽创新驱动发展调研报告

为深入了解兄弟省市在创新驱动发展和国家自主创新示范区建设方面的经验，加快新疆丝绸之路经济带创新驱动发展试验区（以下简称试验区）规划研究，2015年11月9—12日，自治区科技厅与中国科学院地理科学与资源研究所组成试验区规划研究调研组，赴北京市中关村、上海市张江、安徽省合芜蚌3个国家自主创新示范区（自主创新综合试验区）开展实地考察调研。主要调研了北京、上海、安徽3个省市，在加快实施创新驱动发展战略、建设国家自主创新示范区（综合试验区）方面的主要经验、主要做法和举措。

（一）北京市中关村

调研组与中关村管委会有关部门负责人进行深入的座谈交流，详细了解了中关村创新驱动发展的经验、政产学研合作模式、支持创新的金融服务、部门协同创新模式以及支持创新的优惠政策等。此外，调研组还实地考察了中关村创业大街。

1. 建设经验

一是依托优越的创新资源禀赋，培育发展企业、院校、人才、投资金融、创业孵化、双创文化等六大创新要素。

二是建立服务型政府，轻"管理"重"服务"，少审批多服务，大力支持专业化社会化服务组织，如200多家协会、中介组织不要求主管单位审批，直接登记。

三是营造了强大的创新生态环境，通过政策引导，激活各种创新要素。

2. 主要做法

一是做好顶层设计，成立19个部委组成的部际协调领导小组，建立了部市会商机制，制定了10年发展规划纲要。

二是政策先行先试，先后出台"1+6"配套政策、"新四条"政策、

"新新四条"政策。

三是扩大规模，优化空间布局，建设了1区16园，建立了"互联网+园区"的跨界融合平台。

四是重点扶持战略性新兴产业和现代服务业。

五是建立了军地会商机制，推动了军民融合。

六是积极打造人才特区，加大金融创新。

七是区校联合，与知名大学共建特色集聚园区，积极培育自主知识产权领军企业。

八是推行新技术新产品政府首台套采购政策，帮助科技型企业成长。

九是建立了重大科研项目投资基金，扶持特色产业发展壮大。

十是按照市场化机制，建立了中关村发展集团，设立中关村创投引导基金200亿元，其中，政府引导投资占30%。

十一是扩大区域合作，已经在贵州贵阳、宁夏中卫、青海西宁、内蒙古呼和浩特等地建立创新园、产业示范区等。

（二）上海市张江

调研组首先考察了张江国家自主创新示范区生物医药产业的发展、生物医药企业的经营管理模式、吸引人才的机制以及科技金融结合等。随后，调研组与张江国家自主创新示范区管委会及上海市科委有关部门负责人进行了深入的座谈交流，详细了解了自主创新示范区产业发展定位、科技创新政策以及创新管理服务等经验和做法。

1. 建设经验

一是坚持把人才发展、产业发展放在第一位。

二是坚持把企业作为创新主体。

三是坚持市场配置资源。

四是坚持转变政府职能，做"服务型政府"而不是"管理型政府"，政府主要致力于创新政策的制定、创新环境的营造。

2. 主要做法

一是2009年国务院正式批复之后，科技部牵头，有关部委会同上海市编制发布了规划纲要。

二是成立了由上海市委书记和市长任组长的"双组长"领导小组。

三是建立示范区投资专项 33 亿元，按照产业类型，采取先评估后补助的动态能级淘汰支持机制。

四是下放审批职能，将 13 项管理职能下放到各园区，采取示范区和特色园区双向监管的管理模式。

五是协调中组部，建立国际人才示范区，以人才激励机制为核心，出台"人才 12 条"激励政策，包括人才落户配套政策、人才就医政策、人才奖励政策等。

六是双自联动（自贸区、自主创新示范区），积极推进产城融合，发展 1 区 22 园，避免同质化发展。

七是通过金融创新手段推动科技创新，出台"1+7"政策，设立"张江科技银行""浦东硅谷银行"。

八是先行先试，突破科技成果转化政策，"三权"改革，加大股权激励改革试点。

九是建立技术交易市场，减少政府干预，让市场配置创新资源。

十是组建张江发展战略研究院，实行理事会管理制度，与教育部门共同运作。

（三）安徽省合芜蚌

调研组与安徽省科技厅及安徽省创新办有关部门负责人进行了座谈交流，深入了解了安徽省加快实施创新驱动发展战略、建设合芜蚌自主创新综合试验区的主要经验、主要做法以及"1+8"创新配套政策等。同时，为详细了解合芜蚌自主创新综合试验区在产学研合作、体制机制创新、人才队伍建设、基地平台建设、成果转移转化等方面的主要举措，调研组分别实地考察了合肥高新技术产业开发区、中国科学技术大学先进技术研究院、中国科学院合肥物质科学研究院以及美亚光电、科大讯飞等知名企业。

1. 建设经验

该试验区的发展形成不同于中关村和张江，走的是先建设后申报的"自下而上"发展路径，2008 年在国内率先提出建设自主创新示范区，经过 3 年的自主建设，2011 年才获得国务院批复。示范区的建设产生了三大突出成效。

一是创新驱动的观念发生了根本性变化。

二是示范区的经济效益成倍增长，合芜蚌 3 个城市的 GDP 保持连续两位数增长，全省 90% 以上的高技术出口产品来自试验区。

三是产业转型升级加速发展，培育形成了新型显示器产业、生物医药产业、新能源汽车产业等一批新兴产业。

最重要的经验是确立了坚持企业、城市、人才、环境"四位一体"的发展理念，即企业追求更多的创新产品、城市追求更多的创新企业、社会追求更多的创新人才、政府追求更多的创新环境。

2. 主要做法

一是建立省长担任组长的领导小组，下设安徽省创新办公室，分设 6 个工作小组，先后研究出台试验区发展建设的意见、"1+8"配套政策文件。

二是破除传统的科技计划审批模式，着力构建企业主导产业技术研发机制。

三是破除科技创新孤岛现象。围绕产业链部署创新链，与产业龙头企业共同设立"产业科技创新专项资金"，从 5 亿元规模扩大到 10 亿元，专项支持企业技术创新。

四是破除国有公立研发机构运行模式，探索建立新型研发实体。如中科大先进技术研究院的"无编制、无预算、无级别"机制；中科院合肥物质科学研究院等 10 个产业技术研究院，分为综合性研究院和产业兴研究院，在管理上试点开展人才自由流动、设备自由共享、成果自转化的新机制。

五是破除利益分配的体制机制障碍，实施股权与分红激励。目前已有 300 家企业申请开展股权激励试点，其中，93 家企业为 1 618 项科技成果的股权转让资金达 4.5 亿元，科技成果"三权"改革、高层次人才团队创业扶持（2 000 万元）等政策，让科技人员在创新中获得相应的财富收益。

六是破除科技与金融结合难题。2009 年政府引导设立风险投资基金（8 亿元，目前已组建 18 个子基金，融资额达 60 亿元），建立高新技术企业股权托管与交易市场，开展担保、专利质押贷款、科技保险试点，建立省产业发展基金（800 亿~1 000 亿元）等。

（四）体会与建议

通过本次调研，体会到 3 个国家示范区各具特色，管理体制机制各有千秋，经验做法各有不同。调研组认为有以下几点值得研究和借鉴。

一是必须高位推进，高层协调。特别是要在更广的层面达成共识，更多的部门形成协同，动员全社会力量推动试验区建设。建议尽快研究确定以自治区党委、政府主要领导担任组长的新疆创新驱动发展试验区建设领导小组，由科技、发改、财政等多个部门共同推动。

二是必须构建"1+1"的运行管理发展机制。即要有一个强有力的、独立的试验区管理机构，同时，要在政府资金引导下组建产业发展基金或投资基金，形成"政府+市场+金融"的创新驱动机制。

三是必须政策创新先行。把各类创新政策改革作为试验区建设的优先推动力，重点要在人才引进、成果激励、企业创新、金融支持、产学研结合等方面敢于突破、敢于先行先试。

四是必须突出企业主体、产业带动、产城联动的发展规划理念。重视各类高新区、开发区、大学科技园、孵化器、保税区等创新创业载体的基础性作用和引领辐射作用，并作为试验区规划布局的优先重点。

（本报告于 2015 年与中国科学院地理科学与资源研究所
刘卫东研究员一同考察完成）

八、强化实施科技兴新　加快建设创新型县市区

（一）把握新的机遇，充分认识实施科技兴新的重要意义

当今世界，以生物技术、信息技术、新材料等高技术为引领的新一轮科技革命和产业变革正在兴起。知识创造和技术创新的速度明显加快，科技成果转化更加迅速，科技与经济的交融更为直接。以新技术突破为基础的产业变革呈现加速态势，正在深刻改变着科技和经济社会发展形态。我们必须紧紧抓住新一轮科技革命和产业变革的战略机遇，不能等待、不能观望、不能懈怠。要全面推动党中央确立的科技创新驱动发展战略，加快建立国家创新体系。

创新驱动的核心是科技创新，有两大关键重点：一是人才战略；二是科技体制机制创新。创新驱动的实质就是人才驱动，我们要不断突破妨碍创业型科技人才成长的制度瓶颈，建立起催生科技创新活力的体制机制，使创新驱动发展战略真正落到实处。我们必须向改革要动力，积极适应经济社会发展对科技发展提出的新要求，深化科技体制改革，增强科技创新活力，集中力量推进科技创新。

科技创新要坚持"顶天立地"。所谓"顶天"，就是要瞄准科学技术发展前沿，努力取得重大理论发现与技术发明；而"立地"，就是要为区域经济社会发展作出实实在在的贡献并努力提升全社会的科学素质。不断夯实建设创新型国家的基础。

新疆实施的科技兴新战略就是这样一项接地气，有活力的工作。从1991年以来，科技兴新战略紧紧围绕自治区发展目标和任务，聚焦制约经济社会发展的重大科技问题，着力提升区域自主创新能力。进入新的发展阶段，科技兴新的目标、任务都发生了很大的变化。为贯彻党的十八大提出的实施创新驱动发展战略，自治区党委和人民政府于2013年9月发布了《关于实施创新驱动发展战略加快创新型新疆建设的意见》。在此背景下，自治区十二届人大常委会第十次会议审议通过了《关于强化实施科技兴新

推进创新驱动发展的决定》（以下简称《决定》）。这标志着科技兴新战略强化实施进入新的阶段。《决定》从 8 个方面对新阶段科技兴新战略强化实施进行了部署，对各级政府提出了新的更高的要求。《决定》提出把强化实施科技兴新、加快创新型新疆建设作为实施创新驱动战略的关键举措，推动全区新型工业化等"五化"同步发展。科技兴新战略的实施是以体制机制促进科技发展的重要工作。

在新的时期，对于强化实施科技兴新，我们应当明确 3 点认识。

一是强化实施科技兴新是落实第二次中央新疆工作座谈会的重大行动。科技兴新在推动区域特色产业发展升级，促进就业促进增收方面已显现出巨大作用。可以说，科技兴新是维护社会稳定的一项长期工作。

二是科技兴新是推进区域创新的重要抓手。通过实施科技兴新战略，促进项目、人才、基地三结合，更好地推动了新疆科技经济的无缝对接。

三是科技兴新是带动区域经济可持续发展的重要途径。可持续发展对于新疆尤为重要。从以往的经验看，传统的经济增长方式无法在经济发展的同时实现社会稳定和山清水秀，而如何实现"既要青山绿水，也要金山银山"，是新疆发展建设过程中面临的一个巨大命题。新疆的生态环境一旦遭到破坏，其损失将不可估量，新疆的经济发展应坚持特色化发展，坚持可持续发展。

（二）加快创新型县市区建设，为建设创新型新疆夯实基础

新阶段的强化实施科技兴新明确提出要加快创新型新疆建设，创新型县市区建设工作是建设创新型新疆的重要内容，是自治区创新体系建设的关键环节。各县市在推进创新驱动发展方面到底面临什么问题，如何围绕区域创新发展全面推动基层科技工作已成为当下科技管理新的重要任务。在此，以下有几点建议。

第一，要鼓励县市先行先试，抓好示范引导，积极推进创新型县市建设。在县域实现创新驱动，体制上要有新突破。衡量创新驱动在县域经济发展中是否居于核心地位，一个核心指标就是 R&D 投入是否与 GDP 同步增长。希望新疆的县市通过体制机制创新，真正走上依靠技术创新和科技进步实现经济社会的转型发展、创新发展和率先发展的道路。在这方面，要

及时总结推广昌吉市、乌鲁木齐市创建国家创新型试点城市的经验，深入推进自治区级创新型县市区试点工作。

第二，要实现政府加市场双轮驱动。既发挥市场在科技资源配置中的决定性作用，也要更好发挥政府的政策供给和调节作用，真正建立起企业为主体，产学研用相结合的技术创新体系。

第三，建立县域创新驱动的服务政策体系。各县市区要逐步建立起多部门联合制定科技创新政策的新机制。为了提高科技政策的科学性、一致性、有效性和可操作性，多部门承担或涉及科技创新工作，从财税、金融、政府采购、知识产权保护、人才队伍建设等方面制定一系列政策措施，加强经济政策和科技政策的相互协调，形成激励自主创新的政策体系和服务体系。加强科技工作的统筹协调，促进全社会科技资源优化配置、综合集成和高效利用。

（三）加强基层科技工作，推进创新型县市区建设

当前，部分县市对抓科技工作还存在着误区，体现在工作上可以表现为三句话：说起来重要，干起来次要，分钱时不要。这些情况的存在，一方面反映了党政一把手对科技工作重要性的认识仍需加强；另一方面也反映出长期存在的科技与经济工作"两张皮"的问题。对于地方经济来讲，科技工作是一个抓长期、抓基础的工作。不像诸如招商引资工作那样，可以"短平快"地对地方经济发展产生显著影响。在这种情况下，基层科技工作应该做些什么？这是值得我们深入思考的问题。

在战略思考上，要在旗帜鲜明地强调，基层科技工作是贯彻落实创新驱动发展重大战略中必不可少的重要环节。县域经济发展和基层工作都必将进入到创新驱动的轨道上来，而科技工作是创新驱动发展战略的核心。没有这个核心，创新驱动将无从谈起。在工作布局上，要调整优化基层科技工作重点，主要抓好"五项重点"工作。

第一，抓好顶层设计。不要再用传统意义上的科技管理模式来从事创新驱动下的基层科技工作。而要在当地党委政府领导下抓好县域创新驱动的顶层设计。这一顶层设计应体现超前性、全局性、综合性的重大谋划，明确本县市区科技创新的现状与趋势，确立本县市区科技创新的任务与目

标，设计实现科技创新目标的体制机制、步骤、政策和措施。在这一方面，中东部省份的县市和新疆的一些县市都取得了一些成绩和经验。

第二，做好科技项目设计、引进、推动和转化工作。这要求我们科技部门在设计具体项目计划时，一定要从当地党委、政府的角度去考虑，紧紧围绕当地经济社会发展的重大需求去思考谋划。项目的形成机制要改变以往的专家设计、地方完成的流程，转变为"自下而上"倒逼式的项目形成机制。科技资源要紧密围绕着更好地推动当地企业发展、民生改善，围绕着当地党委政府的科技需求进行配置。昭苏县的马产业项目就是需求导向下的科技项目范例。这个项目就是从项目的设计开始，基层科技部门的同志就结合县委县政府的区域发展需求，自下而上的进行实施，最终得到了国务院领导同志的批示。科技部在项目资金上，对该项目给予了高强度的支持。这个例子也说明，基层科技部门的同志一定要转变观念，在项目设计上多思考，用好宝贵的科技资源和资金。县域的科技投入要起到"四两拨千斤"的作用，关键要在"拨"字上做文章。

第三，重点抓好科技特派员队伍建设，培养职业农民和职业产业工人。基层科技工作的重点和难点在农村。关于科技特派员工作，科技部将出台国家科技特派员制度，包含一系列保障性措施和政策，目的就是要逐步将科技特派员工作制度化。科技特派员和农技推广队伍，一个是公益性、体制内的技术推广队伍；另一个是社会化、市场化的技术转化和推广队伍。我们基层科技局的同志一定要抓好科技特派员队伍建设工作。

第四，要加强科技金融工作。科技创新与金融创新是社会财富创造的两翼。科技金融的本质，就是要把科技的投融资机制从仅有政府的3项经费投入转变为吸引全社会的资本投入。要制定强化支持企业创新和科研成果产业化的财税金融政策。一项创新真正能变成技术，变成产品，变成生产力，取得效益，离不开金融和财政政策的支持。科技部在科技金融方面做了很多工作：一是国家科技园区联盟基金，自治区投入了7 000万元，包括乌鲁木齐园区和昌吉市园区，都已经以投资的方式为基金注入资本；二是种业创新基金，已经在深圳前海注资，该基金的组成包括社会资本和新疆、河南、北京、深圳等省区市科技厅的投入；三是国家科技成果转化基金，该基金由科技部和财政部共同设立，旨在支持公共财政支持下的项目成果转化；四是中小企业创新基金，重点支持中小企业的前期研发。建议各位科技部门的同志都要学一些金融知识，因为科技创新已经到了必须和金融结合的阶段，基层科技工作也必须将金融纳入到整体的科技创新工作中来。

第五，要发挥好利用好科技援疆这一得天独厚工作机制的优势。第二次中央新疆工作会议上明确提出，援疆工作是一项长期的工作。科技援疆也是援疆工作的一个有机组成部分，自然也是一项长期的工作。"十二五"期间，通过科技援疆，截至目前已实施各类项目 1 015 个，项目资金总额达15 亿元。希望各县市区要抓住科技援疆的机遇，在科技援疆如何做好基层科技工作做一些探索。

做好基层科技工作，对于县市地方党委和政府也有几点希望和建议。建议我们县市区地方政府对于基层科技工作做到以下几个方面。

一是要稳定机构，转变职能。科技部同样也在积极转变职能，但转变职能不等于取消部门，但如果不转变职能，也可能面临着部门被取消。近几年也是深化科技改革的密集时期，希望新疆各县市一定要在这一时期内，在稳定基层科技机构的基础上，大胆改革，转变职能，进一步强化科技工作。

二是要优化基层科技管理队伍。从知识结构，专业构成等方面对基层科技管理队伍进行全面优化。

三是要提高能力。要坚持请进来、走出去的方式，通过内引外联，提高县市区的科技管理水平和能力，"联络网会"（科技兴行业联络网年会）就是这样一个很好的区内各县市交流机制。也希望我区的干部多出去走走，到中东部省区市学习交流。

四是要努力改善科技部门的工作条件。

（2014 年 9 月在自治区科技进步考核先进县交流会上的讲话）

九、把握机遇　加快资源型城市创新驱动发展

今天，奎屯市委、市人民政府在这里召开科技大会，认真总结工作，大力表彰先进，科学谋划下一步的工作，充分体现出奎屯市委、市政府对科技工作的高度重视，特别是对实施创新驱动发展战略，实现奎屯科学跨越、率先赶超的信心和决心。借此机会，谈几点意见。

（一）把握科技创新趋势，推进以科技为核心的全面创新

从国际趋势来看，"三个加速推进"：全球经济一体化加速推进、新技术产业变革加速推进、创新驱动战略加速推进。

从国内趋势来看，"四个前所未有"：党中央对科技创新的重视前所未有、科技体制机制改革势头前所未有、我国科技面临的挑战前所未有、大众创业万众创新态势前所未有。

从自治区趋势来看，"四个重大机遇"：中央新疆工作会议重大战略机遇、丝绸之路经济带核心区建设的历史机遇、新疆经济新常态要求加速科技创新的发展机遇、全面深化自治区科技改革的发展机遇。

从奎屯市来看，2013 年，奎屯市成为首批自治区创新型试点城市之一；2014 年，奎屯市被列为自治区可持续发展试验区，出台了一系列推动科技创新、促进可持续发展的政策措施并付诸实践。奎屯市作为国家科技进步示范市、先进市、科普示范市、自治区创新型试点市的示范放大效应，奎屯—独山子经济技术开发区作为国家级开发区的整合聚集效应，都为奎屯市科技事业在更高层面上的快速发展奠定了深厚的基础。

"十三五"期间，希望奎屯市要抢抓历史机遇，借鉴成功经验，夯实现有基础，进一步加快创新型城市建设步伐，认真对照创新型城市标准，以科技为核心抓手，从经济、社会、生态、文化、教育、民生等各个领域，大力开展形式多样、内容丰富的科技创新创业实践活动，在全社会努力营造鼓励支持大众创业、万众创新的浓厚氛围。把科技创新摆在发展全局的核心位置，既立足于奎屯大交通、大物流的实际，又符合"两个可持续"

科学发展观要求，走出一条创新驱动发展、内涵式增长的路子，不断推动经济社会发展由传统的投入拉动型向创新驱动型转变，向着把奎屯打造成"丝绸之路经济带"重要支点和区域中心城市的目标奋力迈进。

（二）把握体制改革重点，抓好"十三五"科技创新规划工作

2015年3月，中共中央、国务院出台了《关于深化体制机制改革加快实施创新驱动发展战略的若干意见》（以下简称《意见》），为我们全面深化科技体制改革指明了方向、作出了顶层设计。我们要认真学习贯彻该《意见》精神，向改革要生产力，从改革中增强发展活力。目前，自治区"十三五"科技创新发展规划正在抓紧研究编制，有一些基本的思路和考虑如下。

一是，从科技发展战略上提出了"深化改革、自主创新、重点突破、加速转化、驱动发展"的总思路。

二是，在科技任务选择配置思路上，提出了"问题导向、需求导向、市场导向、绩效导向"的基本原则。

三是，在重大任务部署上，提出了要强化"三链统筹"（产业链、创新链、资金链）、实现"四个对接"（科技创新与经济发展对接、创新成果与支撑和形成产业对接、科技项目与现实生产力对接、研发创新劳动与利益分配对接）。

四是，在科技政策保障上，实现"四个转变"（小局向大局、小众向大众、小投入向大投入、小链条向全链条）。

五是，组织部署五大科技创新创业工程，即产业链重大科技专项工程、重点领域关键技术工程、科技成果转化示范工程、科技人才与创新基地建设工程、丝绸之路国际科技合作工程。

六是，全面推进十大改革：计划管理体系、科技资源配置、区域创新体系、企业创新主体改革、科技成果转化机制、科技项目人才评价、科技投入机制、知识产权改革、部门强化统筹机制、创新绩效监督考核制度。

基层科技创新创业工作，也必须适应科技体制机制改革的新要求，从各市实际出发，编制"'十三五'科技创新发展规划"。要突出基层经济社会发展的重大需求，突出科技创新的实效实用和系统化的解决方案；要建立健全以企业为主体、市场为导向、产学研相结合、产业转型升级为目标

的科技创新体制机制，充分发挥企业在市场经济中、在科技创新中的主体作用。从政策、资金、技术、人才、项目、信息、税收、金融等方面，切实做好对各类企业的科技服务工作，全面推进企业技术、生产和管理的信息化，进一步增强企业的市场竞争力，提高企业的经济效益。

今天，我们欣喜地看到，一大批企业、项目和单位获得了奎屯市科技进步和技术创新表彰奖励。我们希望这样的企业、项目、单位越来越多。在企业科技创新和技术进步过程中，项目是重要的载体。科技部门要强化对企业的项目服务，在深入企业调研、了解企业需求的基础上，指导和支持企业储备、筛选、申报、论证、实施一批科技项目。要积极帮助企业研究、吃透国家、自治区各类科技计划项目的申报和操作程序，争取有更多的项目列入国家、自治区科技项目和资金支持范围。

2013 年 8 月，自治区科技厅在奎屯市举办了区级科技计划项目申报培训会，奎屯市众多企业积极参加培训，收到了较好的效果。今后，自治区科技厅将继续强化基层科技服务能力建设，并根据当地实际和企业需求，有针对性地开展科技服务，为地方经济社会发展献计出力。

（三）协同配合，形成科技兴市的整体合力

在新的时期，对于强化实施科技兴新，我们应当明确 3 点认识。

一是强化实施科技兴新是落实第二次中央新疆工作座谈会的重大行动。科技兴新在推动区域特色产业发展升级，促进就业促进增收方面已显现出巨大作用。可以说，科技兴新是维护社会稳定的一项长期工作。

二是科技兴新是推进区域创新的重要抓手。通过实施科技兴新战略，促进项目、人才、基地三结合，更好地推动了新疆科技与经济的无缝对接。

三是科技兴新是带动区域经济可持续发展的重要途径。可持续发展对于新疆尤为重要。从以往的经验看，传统的经济增长方式无法在经济发展的同时，实现社会稳定和山清水秀，而如何实现"既要青山绿水，也要金山银山"，是新疆发展建设过程中面临的一个巨大命题。新疆的生态环境一旦遭到破坏，其损失将不可估量，新疆的经济发展应坚持特色化发展，坚持可持续发展。

（2015 年在奎屯市科技奖励大会上的讲话）

十、充分发挥新疆企业科技创新主体作用

在编制"十三五"新疆科技创新发展规划之际，召集企业家座谈会的主要目的是在这个关键时刻听取大家的意见，问计于企业，问需于企业。新疆的创新驱动没有企业的合力推动很难展开，反过来要说，我们新疆的企业要真正成为创新驱动的主体，任务众多。借这个机会我也谈谈在新常态下如何推动科技创新。

（一）要把握新趋势

首先，要有国际视野，我们新疆的企业家更应该在这方面强化。现在，搞科技创新也好，企业发展也好，都离不开国际趋势，对我们企业创新来讲一定要明确国际经济全球化趋势。有人把 2008 年后称为后金融危机时代，后金融危机时代真正起作用的是科技创新。

第二，以信息技术、生物技术、新材料技术为代表的全球化新技术革命。这个大的趋势对我们的产业发展、产业结构转型的影响是前所未有的。谁抓住了高新技术，谁就会有产业优势，这个趋势这几年发展比较快。

第三，经济全球化下更全面的全方位的开放趋势，特别是区域性的各种合作，包括"一带一路"。最重要的是各国都争取合作发展的背景下，企业需要研究怎样适应这些新的变化。

最后，"一带一路"已经成为了全球关注的重大趋势，影响深刻。这将影响 60 多个国家 40 多亿人口，它的重大意义将会推动新的区域经济的再形成。我们的产业、企业需要好好研究怎样适应国际化、科技创新、产业变化等新趋势。

（二）要适应新常态

关于新常态的概念，党中央已经有了深刻的阐述。新常态对企业发展提出了一些新的要求。

第一，产业类型差异化已成常态。林毅夫教授研究提出，中国的产业

从新常态的发展结构来讲分为 5 类：第一类是追赶型企业或产业，如汽车高端装备都属于这个产业；第二类是领先型产业，如高铁、造船；第三类是转移型产业劳动密集型产业，如加工业；第四类是弯道超车型产业，主要的是 IT 互联网，动漫等；第五类是战略性产业。

第二，中小型企业将日益成为中国市场的重要主体和创新创业的生力军。一定要注意中小微企业的后发优势，中小微企业占企业数量 99%，创造的 GDP 占全国的 64%，解决 3.4 亿人口的就业，特别是国家的简政放权、大众创业、万众创新等一系列政策出台，中小微企业如雨后春笋般地出现。这个趋势对于我们的企业技术选择、企业技术方向确立都是有影响的。

第三，低成本、低利润、低研发投入赚取高额回报的时代宣告结束。要靠信息化的投入，对研究能力的投入，对人力资本投入，将会长期积累获得新的发展势能。

第四，以信息化、智能化、清洁化为代表的新技术水平成为现代企业转型的标准。技术密集度、人才密集度、金融密集度、产业链条密集度将成为集团化发展的必然选择。

（三）要领会新政策

企业家要善于学习党中央、国务院出台的一系列关于推行企业创新的政策。2015 年 3 月，中共中央、国务院颁布了《关于深化体制机制改革加快实施创新驱动发展战略的若干意见》，这里重点学习 10 条新政。

第一，确立创新驱动的核心理念。需求导向、人才为先、遵循规律、全面创新。要强化科技创新的四个对接：科技同经济对接、创新成果同产业对接、创新项目同现实生产力对接、研发人员创新劳动同其利益收入对接。

第二，营造激励创新的公平竞争环境。例如，严格保护知识产权，打破制约创新的行业垄断和市场分割，支持和鼓励新业态、新商业模式发展，破除限制新技术新产品新商业模式发展的不合理准入障碍。

第三，扩大企业在国家创新决策中话语权。文件中明确提出：建立高层次、常态化的企业技术创新对话、咨询制度，发挥企业和企业家在国家创新决策中的重要作用。吸引更多企业参与研究制定国家技术创新规划、计划、政策和标准，相关专家咨询组中产业专家和企业家应占较大比例。

第四，完善企业为主体产业技术创新机制。市场导向明确的科技项目由企业牵头、政府引导、联合高校和科研院所实施；更多运用财政后补助、间接投入等方式，支持企业自主决策、先行投入，开展重大产业关键共性技术、装备和标准的研发攻关；建立国家实验室等研发基地和研发设施向企业特别是中小企业有效开放的机制。

第五，提高普惠性财税政策支持力度。国家对企业技术创新的投入方式转变为以普惠性财税政策为主；扩大研发费用加计扣除优惠政策适用范围；完善高新技术企业认定办法，重点鼓励中小企业加大研发力度。

第六，强化资本市场对技术创新的支持。支持符合条件的创新创业企业发行公司债券。支持符合条件的企业发行项目收益债，募集资金用于加大创新投入。

第七，加大科技人员成果转化激励政策的改革力度。实行技术人员股权、知识产权和分红权的分离。

第八，建立鼓励科研人员在高等院校研发机构与企业之间人才双向流动的机制。

第九，优化境外创新创业投资管理制度。

第十，健全企业技术创新经营业绩考核制度。

这10条政策，我们企业界要领会好新政策，企业要做好承接能力，企业要学习，敢于给自己提出要求，同时，给管理部门提出建议。

（四）要谋划新发展

从新疆自身出发，在新常态、新趋势、新政策的背景下，"十三五"主要需解决的是：创新机制不活、创新机制不优、企业主体不强、研发投入不高、创新人才不足等问题。

一是，科技规划要坚持四个导向：问题导向、需求导向、市场导向、绩效导向，以此来部署有关的科技政策制定和科技创新工作。

二是，新疆"十三五"科技发展要坚持"二十个字"的方针：深化改革、自主创新、重点突破、加速转化、驱动发展。

三是，"十三五"科技规划的核心任务是五大板块。

（1）部署一批重大科技专项。提升重大专项的地位，加大重大专项的投资力度。

（2）部署一批重点研发项目。

（3）实施科技成果转化示范工程。把面向基层的、面向农村的、面向企业的科技成果梳理出来，一体化部署、统筹安排，使科技成果转化通道更加简便、平台更加完备、激励机制更加多样。

（4）实施创新人才创新激励工程。各类人才计划、各类创新基金统筹布局。按照创新体系的建设要求来部署人才和基金，把人才建设激励和项目基金统筹起来。

（5）实施国际科技合作重点专项，特别是"一带一路"国际合作。

四是，"十三五"重点抓好10项政策措施。

（1）改革计划管理体制，解决多极化分散重复的问题。

（2）创新改革资源配置方式。

（3）加强区域创新体制建设制度建设。

（4）强化完善企业科技创新支持政策体系。

（5）改革科技成果转化机制。

（6）改革完善科技评价和激励绩效的评价机制。

（7）完善健全政府主导多元化的科技投入保障机制。

（8）推进知识产权保护制度的改革。

（9）加强科技创新制度的统筹协调制度的建立。

（10）建立健全创新驱动和督导考核制度。

最后，希望新疆的企业要研究确立科技兴企、科技强企的长远战略和规划。要率先改革企业内部科技创新制度。要下力气引进培养本土人才，在留住人才的同时，引进嫁接国内外人才。各位企业家从现在开始，就要考虑如何使产业链与创新链对接，要练好内功，承接新一轮科技创新任务。

（2015 年 3 月，在新疆企业家科技创新座谈会的发言）

十一、深化改革 全面推进新疆创新驱动发展

2016 年全国科技创新大会召开以来，新疆维吾尔自治区积极贯彻党中央的一系列战略部署，从新疆实际出发，紧紧围绕党中央确立新疆社会稳定和长治久安总目标，加快实施创新驱动发展战略，全面深化科技体制改革，努力为创新型新疆建设提供科技引领和支撑。

(一) 强化顶层设计，出台 3 个纲领性文件

1. 自治区党委出台《关于贯彻落实〈国家创新驱动发展战略纲要〉的实施意见》（简称《实施意见》）

《实施意见》紧密结合新疆实际，提出到 2020 年新疆总体创新水平进入全国创新型省区行列、到 2030 年总体创新水平进入我国西部创新型省区前列、到 2050 年成为丝绸之路经济带上独具优势的科技强区的创新驱动发展"三步走"战略蓝图，重点部署"推进丝绸之路经济带创新驱动发展试验区建设"和科技维稳、科技惠民、科技精准扶贫攻坚"三大专项行动"。

2. 自治区党委发布《自治区深化科技体制改革实施方案》

《实施方案》坚持问题导向，围绕建立技术创新市场导向机制，构建更加高效的科研体系，改革人才培养、评价和激励机制，健全促进科技成果转化机制等九个方面，提出了 31 项 119 条政策点，确定了科技体制改革总体施工图和部门职责分工，形成多部门跨领域协同推进科技体制改革的良好局面。

3. 自治区人民政府印发《自治区"十三五"科技创新发展规划》

《规划》坚持"五大发展理念"，紧紧围绕社会稳定和长治久安的总目标，提出"12345"的科技创新总体思路。即贯穿"一条主线"、坚持"双轮驱动"、落实"三大保障"、突出"四个着力"、做到"五个面向"；提出到 2020 年科技贡献率达到 60%、高新技术企业达到 1 000 家、研发投入强度提高到 2%等核心目标；部署新疆创新试验区建设、重大科技专项、重点研发、科技成果转化示范、创新环境（人才、基地）、区域协同创新、天山

众创、科技兴新、科技精准脱贫攻坚和知识产权战略等"十大专项行动"。

（二）融合"两大战略"，推动新疆创新试验区建设

一是坚持高位推动，形成四方合作联动机制。为在新疆率先融合国家创新驱动发展和"一带一路"两大战略，自治区党委与科技部创造性提出建设"丝绸之路经济带创新驱动发展试验区"（以下简称新疆创新试验区）的战略构想，并得到深圳市、中科院的积极响应，签署合作备忘录，形成四方合作、共同推进的联动机制。成立了新疆创新试验区领导小组，研究制定了《新疆创新试验区总体规划纲要》和《新疆创新试验区建设方案》，已经正式上报国务院。经过几年的建设，要将试验区打造成为丝绸之路经济带上创新引领示范区、科技成果转化示范区、新兴产业集聚发展中心和国际科技创新中心，必将全面带动"一带一路"建设。

二是推进七大产业发展，部署实施八大任务。新疆创新试验区采取"一区多园"的空间布局，重点在乌鲁木齐、昌吉、石河子、克拉玛依、哈密五地7个国家高新区和开发区，重点发展信息产业、安防产业、先进制造业、绿色现代农业、健康产业、商贸物流产业和旅游产业等七大产业，努力打造1~2个千亿元规模的龙头企业、10~15个百亿元规模的创新型企业，建成5~6个高水平孵化器，到2020年，试验区内企业主营业务收入达到5 000亿元以上，科技贡献率达到65%以上。试验区部署产业转型升级、创新型企业培育、科技成果转化特区、创新平台建设、科技金融平台、创新人才特区、国际创新基地、创新型政府治理等"八大建设任务"，努力把试验区建设成为产业聚集和技术创新的引领性高地。

三是加大政策创新，激发内生动力。为把新疆创新试验区建成创新驱动发展的试验田和"动力源"，我们积极争取国家授权试验区先行试点重大改革政策需求22项。自治区政府也将出台《新疆创新试验区先行先试政策措施18条》，并已启动筹建试验区专项基金和高效政府服务改革试点工作。目前，部分建设任务陆续落地试验区。深圳的华为、华大基因、北科生物等企业在试验区建立合作基地。清华启迪之星众创基地、中国农业科学院西部农业研究中心、全国棉花创新联盟等已经落户。与北京市中关村、上海市张江、天津市自创区等一批合作项目开始洽谈落实。试验区建设呈现

出创新驱动的勃勃生机。

（三）突出重点难点，加快科技体制机制改革

1. 加快科技计划体系改革，优化科技资源配置

针对过去各类科技计划设置过多、定位不明确等问题，认真贯彻《自治区深化科技体制改革实施方案》，制定实施《自治区科技计划体系改革方案》，将原有的 18 类科技计划按"重大专项、重点研发、成果转化专项、创新环境专项、区域协同专项及创新基金"即"5+1"模式，并优化为 10 类计划已全面实施，走在全国前列。新启动 12 个自治区重大科技专项全部由企业牵头实施，重点研发专项项目由企业牵头承担比重达到 45%。

2. 推进科技成果转化改革，激发人才创新活力

自治区党委组织部、自治区科技厅等部门联合出台《关于激发科研机构和科研人员创新活力促进科技成果转化的若干政策》（简称"新疆九条"），出台突破性改革举措，科技人员成果转化收益分配比例不低于 70%。这一政策已在新疆药物研究所、新疆畜科院等单位落地，有效激励了科技人员的创新热情，对促进科技成果处置权下放，收益分配权改革，鼓励科技成果股权交易等产生重大影响。自治区正式设立"新疆科技成果转化投资引导基金"，落实启动资金 6 000 万元，加快推动科技成果转化和产业化发展。

3. 加强创新服务改革，加快服务平台建设

一是推进新疆科技创新服务网建设，借鉴天津市成功做法，以新疆科技发展战略研究院为依托，建设包括备案管理、统计监测、财政资助、在线对接、科技金融等 9 类研发应用服务系统、九大技术支撑系统和 4 类数据库的综合网络服务平台，实现为中小型企业"一站式"服务，同时，为政府部门科学决策提供数据支撑。二是推进新型研发机构建设，完成《自治区促进新型研发机构发展试行办法》征求意见稿，在征求相关部门意见后进一步修改完善，近期将出台。该办法对新型研发机构在政府项目承担、人员职称评审、人才引进、建设用地、仪器进口、投融资等方面给予国有科研机构同等优惠政策，对经认定的新型研发机构，自治区财政给予专项补助。2016 年还将启动"丝绸之路创新发展研究院"建设工作。

4. 加强科技合作，推动区域协同创新发展

深化科技援疆工作，探索合作共赢新途径，在对口援疆之外开辟新的合作渠道。与云南省签署"一带一路"滇疆科技合作协议，推动四川省与克拉玛依市签订科技合作协议，拓展深化重庆市与乌鲁木齐市合作。充分利用北京科博会、重庆高交会、深圳高交会等平台，加大科技合作领域。加快发展壮大"中科援疆创新创业基金"，13家单位共同出资4.6亿元，首期对5家科技型企业完成投资5 660万元。深化国际科技合作，启动实施"上海合作组织科技伙伴计划"，面向上合组织成员国重大需求，围绕成员国共同面临的社会经济发展中遇到的科技问题，开展联合研究和先进技术示范与推广，共建技术转移中心、数据共享及应用平台、联合实验室（联合研究中心）等，开展先进适用技术培训，启动共建农业科技示范园、高新技术产业园等项目。

5. 强化制度建设，提升创新治理和服务能力

为进一步加强自治区科技计划体系管理，健全决策、执行、监督相互协调与制约的运行机制，去年以来，我们先后出台实施自治区科技计划（专项、基金等）管理办法、重大科技专项实施细则、重点研发专项实施细则、项目评审或咨询专家管理办法、项目管理专业机构管理办法、科技计划信用管理办法等6项新的制度措施，进一步完善统一的科技计划管理信息系统，对科技计划项目实施全流程痕迹管理，以管理服务质量提升科技资源配置效益，激发创新主体活力。

（四） 重点工作部署

一是全力推进新疆创新试验区建设。落实四方《合作备忘录》达成的共识和要求，在《试验区建设方案》的基础上，进一步细化建设任务，完成《新疆创新试验区建设总体实施方案》和各园区建设实施方案，研究出台新疆创新试验区建设若干政策意见，争取新疆创新试验区尽早获得国务院批复，加快试验区建设步伐，发挥作用示范引领作用。

二是全面深化科技体制改革政策落实。围绕落实自治区党委《关于贯彻落实〈国家创新驱动发展战略纲要〉的实施意见》《自治区深化科技体制改革实施方案》，制定分工方案，进一步明确任务分工、进度安排和责任单

位，抓好落实与督促检查。配合做好《自治区实施〈中华人民共和国促进科技成果转化法〉办法》修订，出台《自治区促进科技成果转移转化行动方案》，推动创新成果更好服务于经济社会发展。

三是落实"十三五"创新发展规划。统筹区内外优势科技资源，开展集成式、联盟式协同创新和攻关，积极参与一批国家科技重大专项、国家重点研发计划。聚焦自治区重大战略任务和重大产业发展，在马产业、节能减排、传染病防治、新材料等领域部署实施一批具有全局影响、带动力强的重大科技专项，突破一批关键技术瓶颈，形成一批技术集成化、工程化、产业化的重大科技成果。

四是实施"三大专项行动"，维护社会稳定和长治久安。针对新疆形势需要，实施科技维稳专项行动，以反恐维稳核心技术和先进装备研发为重点，开展高技术研发应用。实施科技惠民专项行动，加强区域高发病防治、食品药品安全监测、风沙灾害预警等民生领域技术研发，组织开展远程医疗技术示范推广。实施科技精准脱贫攻坚专项行动，制定"十三五"自治区科技精准脱贫攻坚专项规划，采取有效措施支持 32 个国家级贫困县脱贫。

五是扩大科技开放合作，助力丝绸之路经济带核心区建设。加快建设"中国—中亚科技合作中心"，积极推进丝绸之路经济带科技中心建设，支持有实力的创新主体在周边国家建设创新合作基地、打造协同创新共同体。启动"一带一路"科技园区合作、技术转移合作等行动计划，以科技创新带动国际产能合作。推动全国科技援疆机制创新，积极开展滇疆科技合作，深化重庆—乌鲁木齐、四川—克拉玛依援疆机制。发展壮大援疆创新创业基金，实施一批促进产业转移、惠及民生的重大科技项目，带动东中部省市先进科技成果在新疆落地转化。

（2016 年主笔撰写的专题报告材料）

第二部分

战略部署与发展规划

【导言】为贯彻落实中共中央、国务院印发的《国家创新驱动发展战略纲要》和全国科技创新大会精神，在自治区统一部署下，我本人直接牵头组织了相关文件调研与编写起草工作，经过连续多月共同努力，自治区党委政府先后发布了《关于贯彻落实〈国家创新驱动发展战略纲要〉的实施意见》《新疆维吾尔自治区深化科技体制改革实施方案》和《新疆维吾尔自治区"十三五"科技创新发展规划》，这是指导新疆创新驱动发展的3个纲领性文件，也是探索西部欠发达地区创新驱动发展的重要政策措施。

一、系统部署新疆创新驱动发展宏伟蓝图

2016 年，自治区党委、自治区政府印发《关于贯彻落实〈国家创新驱动发展战略纲要〉的实施意见》（以下简称《实施意见》），为全区提出了未来创新驱动发展的远大目标和发展蓝图。这是围绕社会稳定和长治久安总目标推进新疆创新发展的纲领性文件，是加快创新型新疆建设的行动指南，这是新疆科技事业的一件大事。《实施意见》在社会上引起强烈反响。我们要认真学习、深刻领会、全面落实。

（一）正确把握贯彻落实国家创新驱动发展战略纲要的"四个重要意义"

党的十八大以来，以习近平同志为核心的党中央作出了实施创新驱动发展战略重大决策，提出了到 2050 年建成世界科技强国的战略目标。

出台《实施意见》是在思想上政治上行动上与以习近平同志为核心的党中央保持高度一致的具体体现，是学习贯彻习近平总书记重要讲话精神特别是关于科技创新重要论述的具体行动。

出台《实施意见》是贯彻落实以习近平同志为核心的党中央提出社会稳定和长治久安这一新疆工作总目标的重大举措，新疆的创新驱动发展战略要紧紧围绕这一总目标，主动适应经济发展新常态，推动新疆跨越式发展，融入国家"一带一路"战略。

出台《实施意见》是建设丝绸之路经济带核心区的重要保障。以习近平同志为核心的党中央把新疆确定为丝绸之路经济带的核心区，这是党中央站在"一带一路"全局对新疆发展的新定位新要求。核心区建设必须以创新驱动为动力，引领核心区"五大中心"建设，把核心区打造成为在中亚西亚具有重要带动影响力的创新高地。

出台《实施意见》是加快创新型新疆建设的重要抓手。当前和今后一个时期，是新疆全面建成小康社会的关键时期，比任何时候都更需要深化科技体制机制改革，下决心解决创新体制机制不畅、创新活力不强、创新

效能不高、创新投入不足、创新人才短缺等突出问题，大力推动科技创新，加快创新型新疆建设步伐。

在这个新疆稳定与发展关键时期，自治区党委政府高举创新驱动发展大旗，及时出台了《实施意见》，必将为新疆稳定与发展注入新动力，为新疆科技创新展现新气象。

（二）正确把握新疆科技创新的"五个面向、五个能力"的总要求

《实施意见》明确指出，新疆的科技创新要站在新疆新的历史起点上，从新疆发展全局出发，面向维护社会稳定和长治久安的需求，持续增强科技维护稳定的能力；面向保障和改善民生的需求，持续增强科技惠民的能力；面向经济持续快速健康发展的需求，持续增强科技创新驱动载体的能力；面向建设美丽新疆的需求，持续增强科技服务生态文明建设的能力；面向全面脱贫攻坚的需求，持续增强科技精准扶贫脱贫的能力。

这是围绕社会稳定和长治久安总目标，站在"一带一路"全局战略高度、立足新疆发展现实、着眼新疆长远发展为科技创新工作提出的系统性、全面性的总体要求，充分体现了科技与稳定融合、科技与民生融合、科技与经济融合、科技与生态融合、科技与脱贫融合的新理念新格局，现实性强、针对性强，是科技创新战略的新突破，新疆的科技工作必须以"五个面向、五个能力"进行顶层设计，集中资源，统筹部署，整体推进。

（三）正确把握新疆创新驱动发展的"三步走战略目标"

《实施意见》中，围绕国家创新驱动发展"三步走"战略部署，立足新疆实际和发展基础，首次提出了新疆创新驱动发展"三步走"战略目标。

第一步，到 2020 年创新型新疆建设取得重要进展，进入全国创新型省区行列。

第二步，到 2030 年新疆创新水平进入我国西部创新型省区前列，成为辐射中亚西亚地区重要的科技创新中心。

第三步，到 2050 年把新疆建设成为丝绸之路经济带独具优势的西部科技强区，为把我国建设成为世界科技强国做出新疆贡献。

这是一张充满希望、令人鼓舞的宏伟蓝图，是凝聚全疆上下力量走向未来的强大动力。提出这一奋斗目标，是自治区党委立足于实现新疆社会稳定和长治久安总目标，统筹考虑建设丝绸之路经济带核心区的历史机遇、新疆发展需要和现实能力、长期愿景和近期目标等多种因素，着眼全局、面向未来作出的重大战略决策。我们要深刻认识、准确把握这一目标的深远意义，切实把思想和行动统一到习近平总书记重要讲话精神上来，统一到自治区党委的决策部署上来，抢抓机遇、主动作为，奋力开启建成西部科技强区的新征程。

（四）正确把握新疆实施创新驱动发展战略的"四个着力点"

一是科技创新要始终坚定不移地服从服务于社会稳定和长治久安这一总目标，以总目标统领科技工作全局，把维护社会稳定和长治久安作为科技创新的第一要务。

二是要坚持以全面深化改革为突破。推进科技体制改革和经济社会领域改革同步发力，破除科技与经济深度融合的体制机制障碍，构建创新治理体系，激励创新人才成长，加速成果转化，切实提高科技投入效率，大力促进大众创业、万众创新，形成充满活力的科技创新机制。

三是要坚持以培育创新型企业为主体，加快构建以企业为主体的技术创新体系，发挥企业创新主体地位和主导作用。

四是要把人才资源开发摆在科技创新最优先位置，改革人才培养方式，完善人才激励机制和评价机制，培育造就规模合理、结构优化、素质优良的创新人才队伍。

这"四个着力点"是从具体政策措施上推进创新驱动发展的好"药方"，要围绕服务服从于总目标这一主线，突出解决体制机制、企业创新和人才队伍三大最关键的问题，谋求突破口，敢于出实招，解决长期制约创新发展的痼疾，补齐人才和投入短板，发挥新疆独特的资源优势、区位优势和全国援疆优势，培育创新动力，营造创新生态，释放创新活力，形成强大的创新驱动发展聚合力，为新疆稳定与发展插上科技创新的翅膀，努力实现丝绸之路经济带上西部科技强区的新疆创新梦。

（完成于 2016 年的解读文章）

二、新疆"十三五"科技创新发展规划总体部署

（一）总体思路

坚持"深化改革、自主创新、重点突破、加速转化、驱动发展"的总体思路，紧紧围绕维护社会稳定和长治久安的总目标，牢牢把握丝绸之路经济带建设历史机遇，主动适应、积极引领经济发展新常态，打造新疆科技创新的引领性力量，全面推进科技创新，使科技创新更有力地支撑经济结构调整和发展方式的转变，更好地惠及各族群众，形成创新驱动发展的强大合力，实现科技创新的"弯道超车"，推动创新型新疆建设迈出重大步伐。

1. 贯穿"一条主线"

新疆科技创新要始终坚定不移地服从服务于社会稳定和长治久安这一总目标，坚持以总目标统领科技创新工作这一主线，围绕实现总目标来谋划、来推动。

2. 坚持"双轮驱动"

推进科技创新和体制机制创新协同发力。一方面要依靠科技创新在制约我区未来发展的关键领域打开新的突破口，实现创新牵引；另一方面要通过体制改革和机制创新，打破常规、先行先试，充分释放创新潜能。

3. 落实"三大保障"

在科技创新投入、创新人才引进培养、创新环境营造3个方面，采取实质性举措加大保障力度，切实加大科技投入，强化人才强区战略，进一步营造支持、保护和崇尚创新的良好环境，激发全社会创新创业活力。

4. 突出"四个着力"

着力提升创新能力，突破一批关键核心技术，打造一批科技创新平台；着力实施科技维稳、科技惠民和科技精准扶贫攻坚三大专项行动；着力完善科技创新体制，转化一批科技创新成果，培育一批创新型企业；着力推

进大众创新、万众创业，建设好丝绸之路经济带创新驱动发展试验区，全面提升新疆科技创新水平。

5. 做到"五个面向"

面向维护社会稳定和长治久安的需求，持续增强科技维护稳定的能力；面向保障和改善民生的需求，持续增强科技惠民的能力；面向经济持续快速健康发展的需求，持续增强科技创新驱动载体的能力；面向全面脱贫攻坚的需求，持续增强科技精准扶贫脱贫的能力；面向建设美丽新疆的需求，持续增强科技服务生态文明建设的能力。

（二）发展目标

到 2020 年，科技促进经济内生增长和引领可持续发展的能力大幅提升，科技增进民生福祉和保障公共安全的能力显著增强，新疆总体创新水平全面提升，进入全国创新型省区行列，基本建成开放型区域创新体系，初步形成创新型经济格局，有力支撑新疆全面建成小康社会目标的实现。建成一批科技创新平台和重大科技基础设施，掌握一批关键核心技术，创造一批重大科技成果，培育一批具有国际竞争力的创新领军企业和产业集群。

（三）重点任务

1. 坚持创新发展，打造科技引领性力量

（1）深入实施创新驱动发展战略，深化科技体制改革，发挥科技创新在全面创新中的引领作用，培育发展新动力，激发创新创业活力，推动新疆产业转型和新技术、新产业、新业态蓬勃发展。

（2）加快推进丝绸之路经济带创新驱动发展试验区建设，创建以龙头企业为核心的多种形式创新单元和创新体系，打造信息化创新平台、科技金融创新平台、创新品牌培育平台和国际科技合作平台，强化技术创新和体制机制创新"双轮驱动"，瞄准培育一批新产品、新产业和新业态，加快提高新疆的科技创新能力和科技成果转化能力，形成科技创新的引领性力量。

（3）围绕国家发展战略和全区资源优势，在大型油气田及煤层气、大型射电望远镜等领域承担或参与一批国家级重大科技项目。聚焦自治区重大战略任务和重大产业发展、部署一批自治区重大科技专项。

（4）围绕事关民生的重大社会公益性研究，事关产业核心竞争力、整体自主创新能力的重大基础研究、重大共性关键技术和产品部署创新任务。围绕打造新疆现代产业体系构建，推动新技术新产业新业态加速成长，引导企业创新品种、提升品质、打造品牌。围绕产业链部署创新链，按照全链条、一体化部署一批重点研发任务，为全区经济社会发展提供持续性的支撑。

（5）进一步夯实科技创新基础能力，增强创新驱动源头供给，在中医药民族医药、农牧机械等方面新建一批国家重点实验室和国家工程技术研究中心，加快国家高新技术产业开发区、国家农业科技园区建设，推进新疆国家现代农业科技城建设和国家农村信息化示范省建设。

2. 坚持协调发展，发挥科技带动作用

（1）以科技创新带动全区工业农业协调发展、城市乡村协调发展、南疆北疆协调发展、兵地融合发展。优化区域创新布局，提升区域创新发展水平和整体效能，加速我区新型工业化、农牧业现代化、新型城镇化、信息化和基础设施现代化同步发展。

（2）科技进步促进天山北坡经济带建设。重点支持新能源、新材料、电子信息、装备制造等产业发展，积极发展电子商务、现代物流、金融、技术咨询和工业设计等生产性服务业，开展以研发设计服务新业态、技术转移和交易平台、科技创业孵化链、科技金融合作平台为重点的科技成果转化平台建设工程。

（3）组织实施南疆科技专项。加强科学普及，加快先进适用技术集成应用和示范推广，促进农牧民运用科技致富、树立健康文明现代的生产生活方式，夯实社会稳定和长治久安的思想基础。通过科技创业和服务促进贫困地区特色产业发展。培育面向中亚、南亚和西亚的出口商品加工基地和维吾尔医药产业发展。

3. 坚持绿色发展，增强科技支撑能力

（1）加快发展资源保护与开发技术，实现资源优化配置与高效利用，加大特殊生物资源保护与开发力度，加强战略性矿产资源的综合研究与勘查，着力实现水资源的高效利用，大力开展水能、风能和太阳能等产业的技术创新，提高可再生能源开发利用水平和效率。

（2）以提高环境质量为核心，切实加强重点河流、湖泊、草原、湿地等生态环境的综合治理，大力发展生态系统恢复重建关键技术，加强荒漠生态脆弱区和重大工程建设区的荒漠化防治，形成支撑和保障新疆生态建设的科学管理体系，支撑绿洲生态安全屏障建设。

（3）坚持树立节约集约循环利用的资源观，加快清洁生产和循环经济等领域的技术集成与创新，以推动产业链整体解决方案为主线，重点突破绿色设计、绿色工艺、绿色回收资源化等绿色制造关键和共性技术，推动低碳循环发展。加快节能减排共性和关键技术研发，深入推进节能减排技术创新。

（4）加快大气污染治理、水污染治理与生态整治技术研究，在城市与工业污染治理、农村面源污染治理、废弃物资源化利用等方面加强技术研发，改善区域环境质量。加强脆弱生态修复技术研究，加强城镇区域规划与动态监测，促进环境治理、保障环境安全。

4. 坚持开放发展，拓展科技发展空间

（1）依托丝绸之路经济带沿线国家创新资源的互补优势，推动建设面向中亚和西亚的科技创新高地，推进落实"上海合作组织科技伙伴计划"，重点深化联合研究和先进技术示范与推广，共建技术转移中心、联合实验室、农业科技示范园、高新技术产业园等。

（2）做大做强"丝绸之路经济带核心区科技中心"，聚集国内外资源，积极建设面向中亚区域的"一站式"国际科技交流合作中心。支持新疆高新技术企业与产品、先进装备、技术标准和品牌"走出去"，鼓励企业面向中亚、西亚和南亚建立海外研发中心，加大技术标准和技术规范的输出力度。

（3）深入实施全国科技援疆规划，全面落实科技援疆各项任务。进一步强化对科技援疆工作的指导与统筹协调，与各援疆省市前方指挥部建立起常态化的统筹协调机制、信息共享机制。做大做强"中科援疆基金"，为科技援疆提供资金支持。联合和借助援疆省市的力量，建立面向中亚、西亚的协同创新平台，提升跨地区、跨国界配置创新资源的能力。

5. 坚持共享发展，促进科技惠及民生

（1）加强健康新疆科技支撑。加强卫生保健与疾病防治研究，提高人口健康科技水平。加强慢性非传染性疾病、重大传染病的综合防控能力与技术，降低各类重大疾病的发生率、致残率和疾病负担；加大环境污染物与人群健康效应研究，加快中医药民族医药传承与创新发展，提高人民生活质量。

（2）加强平安新疆科技支撑。加大公共安全保障技术研究，维护社会稳定。加强食品安全危害因素检测技术和食品安全监管；开展灾害事故防治关键技术研究，安全避险、应急救援关键技术与装备研究。加强安全生产技术支撑平台建设。提高灾害监测、预警、评估及信息发布能力，健全灾害防御方案，增强全社会灾害防御意识和知识水平。

（3）加强基层科技创新创业服务能力建设。推进科技富民强县、知识产权试点示范、创新型城市建设试点（示范）、小微企业创新创业示范城市、科技强警工作。部署县域创新驱动示范建设。

（4）实施科技脱贫行动，加大科技扶贫力度。加快先进适用科技成果在贫困地区转化应用，实施精准扶贫、推动精准脱贫，推进科技特派员农村科技创新创业，加大产业扶贫支撑力度。实施边远贫困县市科技人员专项支持计划。强力推动科学普及，不断提升各族群众科学文化素质。

6. 深化体制机制改革，优化科技创新环境

（1）推进科技计划管理体系改革。优化形成重大科技专项、重点研发任务专项、成果转化专项、创新环境（人才、基地）建设专项、区域协同创新专项及科技成果转化引导基金等"五大板块+基金"的科技计划体系。构建公开统一的科技管理信息平台，完善自治区科技管理信息系统。推动建立财政科研项目数据库和科技报告制度，实现科研信息开放共享。改进和完善科研项目和资金管理流程。推动建立专业机构管理科技项目的管理机制。

（2）优化科技创新资源配置方式。明确科技计划定位和支持重点，加强对科技发展优先领域、重大项目、重点任务等决策前的统筹协调，推动跨部门跨行业跨区域的协同创新。完善"科研项目、科技人才、创新基地、知识产权"四位一体科技项目资源整合方式。

（3）完善企业为主体的技术创新机制。充分发挥企业创新主体和主导作用，逐步改革支持企业技术创新方式，依法落实自主创新财税政策等措

施，鼓励和引导企业加大研发投入，使企业真正成为技术创新和成果转化的主体。激励企业加强研发能力和品牌建设，建立健全技术储备制度，提高持续创新能力和核心竞争力，形成具有自主知识产权、自主品牌和较强核心竞争力的创新型企业集群。引导企业与科研院所、高校联合组建产业技术创新战略联盟、专利联盟、技术研发平台和科技成果转化实体，合作承担产业共性技术重大项目研发。

（4）建立健全区域创新体系。强化创新型试点城市建设，充分发挥乌鲁木齐、昌吉、克拉玛依、库尔勒等中心城市区域创新中的主导带动作用。在有条件的地州选择一批县、市开展创新型县（市）试点建设。落实建设丝绸之路经济带核心区战略部署，推进"丝绸之路经济带科技中心"建设。加快高新技术产业区、农业科技园区等区域创新高地升级和建设。支持内地科研机构、科技园区、产业技术创新战略联盟在新疆设立分支机构。

（5）改革科技成果转化机制。贯彻落实《中华人民共和国促进科技成果转化法》，进一步制定、完善和落实促进科技成果转化和技术转移的相关优惠政策。落实《关于激发科研机构和科研人员创新活力促进科技成果转化的若干政策》，推进科技成果使用权、处置权、收益权改革。对在研究开发和科技成果转化中作出主要贡献的人员，按照不低于科技成果转化收入总额70%的比例给予奖励。允许企业以股权奖励、股票期权、项目收益分红等方式，提高科研人员成果转化收入，进一步激发和调动广大科技人员和全社会创新活力。

（6）完善科技创新评价激励机制。形成合理的评价机制，激发科技人员和各类创新载体的创新活力；结合深化科技体制机制改革，优化完善分类评价体系和操作办法。试点改革高校、院所考核评价机制。建立企业技能人才自主评价机制，推动有条件的大中型企业开展专业技术人员职称自主评审。推行第三方评价，建立政府、社会组织、公众等多方参与的评价体系。

（7）健全科技投入保障体系。依法完善财政科技投入稳定增长机制，自治区财政用于科学技术经费的增长幅度，应当高于自治区财政经常性收入的增长幅度。按照国务院关于改进加强科研项目和资金管理的精神，加强财政资金使用绩效评价，围绕创新链调整优化自治区科技计划设置和资金投入结构，使得科技计划和资金投向进一步科学规范、公正公开，始终适应科技创新发展的规律和要求。创造性地综合利用各类政策工具，充分发挥财政科技资源的杠杆和导向作用，撬动金融资本、社会资本多方投入科技创新。

（8）健全科技人才保障体系。建立健全自治区科技人才创新驱动保障机制，构建由各级政府、科技型企业、高等院校、科研机构及全社会共同参与的科技人才协同保障机制。整合自治区政策、资金、技术和服务等各类资源要素，形成集中、系统的科技人才扶持政策与培养体系。建立以科技型企业为主体的科技人才引进与使用体系，补全科技人才短板。

（9）发挥全国科技援疆作用。完善和深化科技援疆合作机制，优化科技援疆功能，推动新疆与国家部委、援疆省市科技合作不断深化，不断提升新疆区域创新与发展能力，努力形成大科技援疆格局。充分发挥科技援疆机制，引导内地大院大所、高校、企业与新疆联合，在疆设立分支机构、研发基地和成果转化基地，开展多种形式的产学研合作，共同推进关键核心技术研发，联合组织实施科技援疆重大项目，形成多方参与、协同创新、资源共享的良好格局。

（10）加强科技创新统筹协调。加大自治区党委政府对科技创新工作的决策领导力度。进一步加大自治区科技主管部门与地州市、县（市）区、行业科技会商机制，实现区地联合创新。建立科技报告制度，促进科技资源开放共享。完善科研信用体系和责任倒查机制，提高科技管理法制水平。开展科技创新资源调查，继续实施科技进步统计监测制度。坚持和完善兵地定期会商机制，实现兵地融合。明确创新驱动战略目标，分解任务，强化责任，落实监督与检查。把推进科技进步和提高创新能力作为各级政府、部门目标考核的重要指标。

（本人牵头完成的"新疆'十三五'科技创新规划"的部分内容）

三、把五大发展理念全面融入新疆科技创新发展之中

——解读《自治区"十三五"科技创新发展规划》之一

"十三五"是建设创新型新疆的冲刺阶段。全面落实创新驱动发展战略，加快以科技创新为核心的全面创新，是攸关新疆社会稳定和长治久安总目标的重大战略抉择。党的十八届五中全会提出"创新、协调、绿色、开放、共享"的发展新理念，对科技创新提出新的更高要求。在不久前发布的《自治区"十三五"科技创新发展规划》（以下简称《规划》）中指出，新疆科技创新工作要坚持围绕总目标、服务总目标，坚持五大发展理念，突出问题导向、市场导向和需求导向，全面部署科技创新任务，这是从新疆区情出发，强化科技创新与发展新理念紧密结合的全新部署，具有重要意义。

（一）坚持创新发展，打造科技引领性力量，增强区域创新第一动力

实施创新驱动发展战略，必须发挥科技创新在全面创新中的引领作用，以科技创新培育发展新动力，激发创业新活力，才能推动新疆产业转型升级。但是从新疆自身来看，创新水平总体上处于全国落后层次，领先型技术缺乏，总体技术水平处于以跟跑为主阶段，领军型企业和人才匮乏，从而导致创新内生动力不足，科技供给后劲不足。因此，打破常规，集中力量打造一批科技引领性力量，是实现后发赶超、弯道超车的重大战略。在《规划》中部署了四大具体措施。

一是着力打造"丝绸之路经济带创新驱动发展试验区"，实现技术创新和体制机制创新"双轮驱动"。

二是着力培育一批新产品、新产业和新业态，培育一批创新型领军企业。

三是着力部署一批重大科技专项，按照产业链部署创新链，推动新技术新产业新业态加速成长。

四是着力加强前沿基础研究，实施科技创新平台基地建设工程，夯实科技创新基础能力，增强创新驱动源头供给，重点在民族医药、农牧机械等方面新建一批国家重点实验室和国家工程技术研究中心，推进新疆国家现代农业科技城建设和国家农村信息化示范省建设。

（二）坚持协调发展，发挥科技带动作用，破解新疆不协调发展难题

新疆是典型西部欠发达地区，存在着城乡二元结构特征突出、一二三产业结构失衡突出、南北疆发展差距大等多种不均衡不协调问题。要以科技创新带动全区工业农业协调发展、城市乡村协调发展、南疆北疆协调发展及兵地融合发展。优化区域创新布局，提升区域创新发展水平和整体效能，加速我区新型工业化、农牧业现代化、新型城镇化、信息化和基础设施现代化同步发展。

《规划》中重点部署。

一是以实施现代产业科技创新工程为平台，重点支持新能源、新材料、电子信息、装备制造等产业发展，积极发展电子商务、现代物流、金融、技术咨询和工业设计等生产性服务业，支持天山北坡经济带产业集聚区建设。

二是要加快丝绸之路经济带核心区科技中心建设，推进各类高新技术产业区、农业科技园区、可持续发展试验区等区域创新园地。

三是组织实施"南疆科技专项行动"。加强科学普及，加快先进适用技术集成应用和示范推广，促进农牧民运用科技致富、树立健康文明现代的生产生活方式，自觉抵御宗教极端思想的渗透，夯实社会稳定和长治久安的思想基础。

四是加大基层科技创新创业力度。开展天山众创行动、科技富民强县、知识产权试点示范、创新型城市建设试点、科技强警等为重点示范工程。

（三）坚持绿色发展，增强科技支撑能力，建设美丽新疆

贯彻落实习近平总书记绿水青山就是金山银山发展思想，围绕新疆生态文明发展目标，坚持资源开发可持续和生态环境可持续，实施"生态新

疆科技工程"。

一是以发挥资源优势为重点，加快发展资源保护与开发利用技术，加强战略性矿产资源的综合研究与勘查，着力实现水资源的高效利用，大力开展水能、风能和太阳能等产业的技术创新，提高可再生能源开发利用水平和效率。

二是以提高环境质量为核心，切实加强重点河流、湖泊、草原、湿地等生态环境的综合治理，大力发展生态系统恢复重建关键技术，加强荒漠生态脆弱区和重大工程建设区的荒漠化防治，形成支撑和保障新疆生态建设的科学管理体系，支撑绿洲生态安全屏障建设。

三是以发展循环经济为导向，重点突破绿色设计、绿色工艺、绿色回收资源化等绿色制造关键和共性技术，推动低碳循环发展。加快节能减排共性和关键技术研发，深入推进节能减排技术创新。

四是以污染治理为重点，加强城市与工业污染治理、农村面源污染治理、废弃物资源化利用、水污染等方面技术研发，改善区域环境质量，加强城镇区域规划与动态监测，促进环境治理、保障环境安全。

（四）坚持开放发展，拓展科技发展空间，构建丝绸之路科技开放合作新格局

《规划》立足新疆区位优势，依托丝绸之路经济带沿线国家创新资源的互补优势，推动建设面向中亚和西亚的科技创新高地。依托全国科技援疆机制，内引外联，打造区域创新联合体。

一是推进落实"上海合作组织科技伙伴计划"，重点深化联合研究和先进技术示范与推广，共建技术转移中心、联合实验室、农业科技示范园、高新技术产业园等。

二是建设"丝绸之路经济带核心区科技中心"，聚集国内外资源，积极建设面向中亚区域的"一站式"国际科技交流合作中心。支持新疆高新技术企业与产品、先进装备、技术标准和品牌"走出去"，鼓励企业面向中亚、西亚、南亚建立海外研发中心，加大技术标准和技术规范的输出力度。

三是深入实施全国科技援疆规划，全面落实科技援疆各项任务。进一步强化对科技援疆工作的指导与统筹协调，与各援疆省市前方指挥部建立

起常态化的统筹协调机制、信息共享机制。

（五）坚持共享发展，促进科技惠及民生，助推全面建成小康社会

《规划》坚持科技惠及民生，科技服务民众的理念，加快科技成果转化应用，解决民主重大热点难点问题，服务健康新疆、平安新疆建设。

一是实施健康科技惠民工程。加强卫生保健与疾病防治研究，提高人口健康科技水平。加强慢性非传染性疾病、重大传染病的综合防控能力与技术，降低各类重大疾病的发生率、致残率和疾病负担；加大环境污染物与人群健康效应研究，加快中医药民族医药传承与创新发展，提高人民生活质量。

二是实施安全科技惠民工程。加大公共安全保障技术研究，维护社会稳定。加强食品安全危害因素检测技术和食品安全监管；开展安全生产基础理论研究，灾害事故防治关键技术研究，安全避险、应急救援关键技术与装备研究，职业危害防治关键技术研究和安全生产技术支撑平台建设。提高灾害监测、预警、评估及信息发布能力，健全灾害防御方案，增强全社会灾害防御意识和知识水平。

三是实施科技精准扶贫脱贫专项工程。加大科技扶贫力度，实施精准扶贫、精准脱贫，推进科技特派员农村科技创新创业行动，实施好边远贫困县市科技人员专项支持计划和科技兴新行动。大力推动科学普及"去极端化"工作，全面提升各族群众科学文化素质，为社会稳定和全面建成小康社会奠定更加坚实基础。

（此文 2017 年发表于《新疆科技报》）

四、准确把握发展思路 谋划新疆科技创新大局

——解读《自治区"十三五"科技创新发展规划》之二

不久前发布的《自治区"十三五"科技创新发展规划》提出要贯彻一条主线，坚持以总目标统领科技创新工作，按照"深化改革、自主创新、重点突破、加速转化、驱动发展"的总体思路来谋划和推动科技创新，这是立足新疆实际提出的一条科学可行之路。

(一) 深化改革是科技创新必由之路

坚持深化改革，就是要不折不扣全面贯彻党中央国务院关于深化科技体制机制改革的一系列重要文件精神，特别是贯彻落实好《自治区关于贯彻落实〈国家创新驱动发展战略纲要〉的实施意见》以及《自治区深化科技体制改革实施方案》中的各项具体改革任务。坚持问题导向，大胆改革，先行先试，不等不望，迎难而上、综合施策。着力解决我区创新动力不足、创新机制不活、产学研结合乏力、创新人才短缺、评价激励机制不完善等突出问题，加快科技资源配置改革，推进以全链条一体化为构架的新型科技计划管理体系改革，形成以需求导向和市场导向为核心的科技创新资源配置机制。到 2020 年，全区基本形成以企业为主体、市场为导向、产学研用结合的新疆科技创新体系和大众创业、万众创新的政策体系。深入推进科技金融改革，扩大科技创新金融资本和社会投资。改革完善科技创新评价机制，制定科技创新人才双向流动及特殊激励政策。建立健全不同领域、不同区域相互连接相互支持的区域科技创新体系。

(二) 自主创新是科技创新关键支撑

一个区域自主创新能力和水平高低是决定区域创新要素聚集和发展能力的核心所在。正确处理自主创新与引进消化再创新的关系，把加快增强自主创新作为战略重点予以部署，着力解决全区自主创新能力不足，原创性重大成果少的瓶颈问题，加快由技术跟踪和引进消化为主向以自主创新

为主，兼顾引进消化吸收再创新的格局转变，注重加大支持资源矿产、生物资源、生态环境和人口健康等领域有特色的重点基础前沿问题研究，培育一批原始创新成果。加快实施自主知识产权战略，全面提升各领域自主创新专利、标准的数量和质量。大力强化提升企业自主创新能力，着力破除企业创新机制障碍，扩大企业在创新决策中的话语权、参与权和创新自主权，加大企业牵头组织产业化项目的改革力度，促进产业技术创新战略联盟建设，健全以企业为主体的技术创新体系，全面提高自主创新能力，为建成创新型新疆奠定更加强固的基础。

（三）重点突破是科技创新可行抉择

在全区创新投入不足，创新资源有限的现状下，要按照有所为、有所不为原则，聚焦目标，集中资源，将有限资源主要用于解决新疆经济社会发展和长治久安中最关键的问题、最紧迫的需求和最关切的民生领域。着力强化特色优势产业转型升级，加快新能源、新材料、装备制造、电子信息、生物医药等战略性新兴产业发展，推动云计算、物联网、电子商务、文化科技等领域形成新兴产业。着力加强现代农业科技创新，重点实施棉花、畜禽、林果产业等全产业链科技创新工程，推动农业向一、二、三产融合、全链条增值、品牌化专业化转型发展，发展设施农业、节水农业和生态循环农业。着力加大资源环境领域科技创新，推进洁净新疆建设，加大战略生物资源保护技术开发，加强战略性矿产资源的综合研究与勘查研究，加强水资源高效利用、盐碱地改良、矿区等典型脆弱生态区生态修复综合治理技术研究。着力加强民生领域科技创新，重点支持开展精准扶贫、人口健康、食品安全、防灾减灾、维护稳定等民生领域科技研发。

（四）加速转化是科技创新现实需要

着力解决好科技成果转化"最后一公里"问题，迫在眉睫，势在必行。要以加速转化促进科技经济融合，以转化促进产业链、创新链、资金链的三链对接。着力改革消除科技成果与形成现实生产力之间的重大障碍，使科技成果更多体现到现实生产力上，更多应用于改善民生和促进稳定上。改革完善科技成果产权管理制度和成果收益分配制度，充分体现和调动科技人员创造创新创业的积极性和主动性。放松、放宽科技成果的使用权、处置权和收益权，逐步建立市场化、社会化、专业化科技成果转移、交易、转化的服务体系。要以大量先进适用科技成果转化为抓手，重点实施好"科技维稳、科技惠民、科技扶贫"三大专项行动。

（五）驱动发展是科技创新根本目标

围绕新疆社会稳定和长治久安总目标，要坚持服务服从于总目标前提下，锲而不舍抓住发展机遇。要把科技创新摆在自治区全面发展全局的核心位置，坚持创新是第一动力，转变经济发展方式，以培育壮大创新要素来驱动经济发展，以科技新动能引领供给侧结构性改革，以科技新成果惠及民生服务社会，为实现新疆社会稳定和长治久安总目标提出更加强有力的科技支撑。

（此文 2017 年发表于《新疆科技报》）

第三部分

创新发展试验区与自主创新
示范区建设

【导言】2015 年 8 月，时任科技部党组书记、副部长王志刚在新疆考察期间，倡议新疆与科技部、中国科学院、深圳市四方合作，共同开展丝绸之路经济带创新驱动发展试验区建设（简称新疆创新试验区）。2016 年 10 月四方签署合作协议，2017 年 11 月科技部、国家发改委联合发文予以支持。2018 年 11 月国务院批复同意乌鲁木齐高新区、昌吉高新区和石河子高新区建设国家自主创新示范区。"两区"建设成为牵引新疆创新驱动的新平台，弥足珍贵，来之不易。本人全程参加"两区"调研、规划、组织及协调等大量工作，曾担任新疆创新试验区领导小组办公室综合组副组长。前 3 年试验区，后 3 年自创区，成为我 6 年援疆的真实写照。

一、丝绸之路经济带创新驱动发展试验区建设规划

(一) 建设意义

一是建设丝绸之路经济带的重大举措。"一带一路"是新时期我国坚持对外开放基本国策，构建全方位开放新格局，深度融入世界经济体系的重大战略，事关中华民族的伟大复兴。新疆作为丝绸之路经济带的核心区，区位战略地位不可替代，既是实现丝绸之路沿线国家互联互通的枢纽中心，也是我国向西开放的前沿特区，必须在"一带一路"建设中发挥核心引领示范作用。伴随我国经济发展进入"新常态"，新疆传统发展方式正面临着巨大挑战。只有把创新作为发展的第一动力，努力探索新经验、创造新模式、培育新优势、走出新路子，才能有效推进供给侧结构性改革，培育经济增长新动能，将新疆建设成为欧亚大陆经济合作的核心节点。

二是实施创新驱动发展战略的重要行动。实施创新驱动发展战略，是加快转变经济发展方式、提高我国综合国力和国际竞争力的必然要求和战略举措。《国家创新驱动发展战略纲要》明确提出要"打造区域创新示范引领高地并开展试点"。新疆作为传统能源和原材料大区以及向西开放的前沿特区，更加迫切需要通过创新来加快产业转型升级。因此，在新疆建立创新驱动发展试验区，通过大胆的体制改革和机制创新，借助四方合作机制和全国援疆力量的协同推动，走出一条要素聚集、开放合作、活力迸发的创新驱动发展之路，不仅对于新疆的长远发展意义重大，而且对于我国建设创新型国家也具有深远的战略意义。

三是实现新疆社会稳定和长治久安总目标的重要途径。新疆局势事关全国改革发展稳定大局，事关祖国统一、民族团结、国家安全，事关实现"两个一百年"奋斗目标和中华民族伟大复兴。以习近平同志为核心的党中央明确提出社会稳定和长治久安是新疆工作的总目标。要实现这个总目标，必须促进新疆经济社会持续健康发展，不断改善民生，全面实现小康社会。这要求新疆必须采取差异化战略和非对称措施，以创新发展为引领，努力

实现协调发展、绿色发展、开放发展和共享发展。

（二）总体思路

1. 战略定位

建设新疆创新试验区，旨在特定空间范围内设立以科技创新为核心的全面创新改革"试验田"，探索适合于新疆自然、社会、经济、历史和文化特点的创新道路、创新模式和创新机制。试验区通过"点"上的突破，孵化聚集新产业、新业态和新动力，示范带动新疆实现产业转型升级，力争成为支撑新疆未来发展方向的高地以及推动新疆形成核心竞争力和长远竞争力的高地。其战略定位为"两示范、两中心"，即内容如下。

（1）丝绸之路经济带创新引领示范区。

（2）丝绸之路经济带科技成果转化示范区。

（3）丝绸之路经济带新兴产业集聚中心。

（4）丝绸之路经济带国际科技创新中心。

2. 基本原则

（1）坚持创新发展为动力。把科技创新摆在核心位置，大力加强科技供给，提高政产学研用"五位一体"的融合创新能力，推进以科技创新为引领的全面创新，加速产业转型升级。

（2）坚持深化改革为突破。勇于实现政策突破和改革措施突破，敢于打破常规、敢于先行先试，确保《国家创新驱动发展战略纲要》各项改革措施在新疆落地。破除一切制约创新发展的制度藩篱，建立高效服务型政府管理体系，打造创新链、产业链、资金链和支持链相互支撑的创新服务模式。

（3）坚持创新企业为主体。将推动产业转型升级作为试验区第一要务，着力孵化新兴产业、促进优势产业、升级传统产业。健全有利于创新的市场导向机制，发挥龙头企业在技术创新上的带动作用，引导各类创新资源和要素集聚，打造实体经济竞争力。

（4）坚持创新人才为根本。坚持人才第一资源战略，突出创新创造价值导向，大力培育和聚集创新人才，营造勇于探索、鼓励创新、宽容失败的创新文化和社会氛围，给予创新人才更多的利益回报和精神鼓励，激发各类人才创新活力和潜力。

（5）坚持开放协同为引领。树立开放发展理念，拓宽全球视野，积极融入全球创新网络，建立面向中亚、西亚的协同创新平台。强化区部协同、区域协同、兵地协同、政产学研协同，充分发挥四方合作机制，联合全国援疆省市力量，提升协同创新能力。

3. 建设目标

（1）近期（2016—2020年）。到2020年，新疆创新试验区在体制机制、创新创业环境、重点产业和品牌培育、科技金融体系、高端人才吸引等方面的改革实践取得重大突破。新疆创新试验区成为对中亚等丝绸之路经济带沿线国家具有一定带动作用的区域科技创新中心，支撑引领新疆整体创新水平进入全国创新型省区行列。

——新疆创新试验区初现良好的创新氛围和创业环境。建成高效的组织领导机构和资源配置流程，探索出台一批支持自主创新与科技成果转化的差异化非对称新政策和新措施，形成基本完善的科技创新创业服务体系。

——"人才特区"建设取得突破性进展。吸引一批高端人才到新疆创新试验区创业或到新疆创新试验区内的企业工作；初步建成一所高水平工科大学，培育出3~5个支撑重点新兴产业发展的国内一流学科。

——建成一批创新园区和形式多样的创新单元。联合建设10个左右的国家重点实验室、工程技术研究中心和协同创新中心，打造1~2个千亿元规模的龙头企业、10~15个百亿元规模的创新型企业，建成5~6个高水平孵化器。

——培育一批具有创新活力的创新型龙头企业和知名品牌。在信息、先进制造、生物、现代农业、国际商贸和旅游文化等产业上形成较强的产业竞争力和创新发展带动力，新疆创新试验区内企业主营业务收入达到5 000亿元以上。

——科技创新能力和科技成果转化能力大幅提升。新疆创新试验区研发经费占生产总值比重达到2.5%以上，科技进步贡献率达到65%以上，企业研发投入占主营业务收入的比重达到2%以上，高新技术产品占主营业务收入的比重达到50%以上，实现技术交易额倍增。

（2）中远期（2021—2030年）。到2030年，通过新疆创新试验区的辐射带动，引领全疆形成良好的创新创业氛围，建成具有新疆特色的科技创新创业服务体系和乐业乐居的创新人才家园；打造一批具有品牌优势和辐射能力的创新型产业集群，促进形成科技创新的引领性力量；推动新疆实现产业结构根本性转型，传统能源和原材料产业占工业产出的比重下降到1/3左右，全疆科技进步贡献率达到70%以上。新疆整体创新水平处于我国西部省区前列，成为对中亚等丝绸之路经济带沿线国家具有较强带动作用的科技创新高地。

（三）建设布局

新疆创新试验区建设采取"一区多园"的空间布局模式，即在新疆创新试验区布局不同特色的创新园。近期优先建设"五地七园"，即乌鲁木齐高新区创新园、乌鲁木齐经开区创新园，昌吉高新区创新园、昌吉农高区创新园、石河子创新园、克拉玛依创新园及哈密创新园。适时考虑将喀什特殊经济开发区、霍尔果斯特殊经济开发区、阿拉尔高新区等纳入试验区改革创新范围。

1. 乌鲁木齐高新区创新园

规划控制面积234平方千米，其中，近期建设面积53.2平方千米。重点发展智慧安防、新材料、现代服务业、信息产业、生物医药与健康等产业，依托智慧安防产业园、临空经济区、大数据产业基地等建设，力争打造3个千亿级、3个百亿级产业集群。建设科技金融港，建成新疆股权交易中心，打造辐射全疆的创投基金中心。推进"人才特区"改革先行先试，打造创新创业人才聚集区。实施天山火炬众创行动，形成创新创业基地集聚区。率先建设高效创新服务型政府，打造科技体制改革先行示范区。

2. 乌鲁木齐经开区创新园

规划控制面积480平方千米，其中，近期建设面积85.95平方千米。加快新能源、信息技术、先进制造、商贸物流、文化旅游等产业发展，推进金风科技城、软件园、旅游集散中心等建设，形成产业转型升级引领示范区。依托国际陆港区、综合保税区建设，打造开放型经济引领示范区。围绕金风科技等龙头企业，形成以科技创新为引领，带动产业转型发展的创新型企业集群，力争打造1~2个千亿级产业集群以及3~4个百亿元规模的创新型企业。依托绿谷国际创新城，建设国际科技合作创新区。

3. 昌吉高新区创新园

规划控制面积 137.257 平方千米，其中，近期建设面积 52.257 平方千米。重点发展先进装备制造、新材料、生物科技、检验检测认证等产业。支持特变电工科技城和蓝山屯河科技城建设，打造世界特高压输变电装备制造之都，力争成为千亿元级规模的龙头企业。推进中国—中西亚检验检测认证高技术服务集聚区和现代职业教育园区基地建设，打造现代服务业承载区。开展援疆产业"飞地"模式试点，形成对口援疆创新合作示范区。

4. 石河子创新园

规划控制面积 149.08 平方千米，其中近期建设面积 44.72 平方千米。重点发展通用航空、信息产业、新材料、先进制造、节能环保等产业，加快推进通用航空产业园、高新材料产业园、节能环保产业园、兵团大数据产业园等建设，打造兵团产业转型升级示范区，力争打造 1~2 个百亿元规模的龙头企业。加快提高科技创新能力和科技成果转化能力，形成兵团新兴产业发展承载区。积极探索兵地协同创新模式，创建兵地融合创新改革发展示范区。

5. 昌吉农高区创新园

规划控制面积 340 平方千米，其中近期建设面积 27 平方千米。加快新疆国家现代农业科技城建设，打造现代农业科技创新中心。推进西部农业研究中心联合共建，大力推进农业"走出去"，形成辐射中亚、西亚地区的国际农业科技合作基地。围绕绿色现代农业、生物种业、农副产品精深加工等重点产业，打造农业科技集成创新和产业化示范基地以及一、二、三产融合发展示范基地，力争打造 1 个百亿元级农业产业集群。

6. 克拉玛依创新园

规划控制面积 72.87 平方千米，其中，近期建设面积 40.47 平方千米。重点围绕油气勘探、开采、储运、深加工等环节开展关键技术研发，大力开展高端油气技术服务，建成具有全球影响力的国际石油产业创新中心。开展石油科技创新领域的国际合作，推进瓜达尔港区克拉玛依工业园区建设，打造国际产业合作示范区。以自治区"天山云"核心基地建设为契机，创建丝绸之路经济带云服务中心。积极推动政产学研合作，建设新型研发机构，打造石油技术成果转化示范区和新产品孵化中心。力争打造 1~2 个百亿元规模的龙头企业。

7. 哈密创新园

规划控制面积 69.22 平方千米，其中，近期建设面积 12.5 平方千米。加快智慧化平台及基础设施建设，推动能源产业智能化、绿色化发展，打造西部智慧能源共享核心区。以综合能源开发利用、新材料、节能环保、高端装备制造等产业为重点，加快建设循环经济产业园和光伏产业园，创建绿色经济示范区，培育 1~2 个百亿元规模的龙头企业。

（四）建设任务

1. 开拓产业升级新空间

实施"产业转型升级专项行动"。以"互联网+"为重要手段，以发展新产业、新业态为主导，以培育与引进龙头企业为核心，坚持"孵化产业、促进产业和升级产业"并举，加快推动产业深度融合，大力提升产业关键技术和集成技术创新能力。集中发展信息产业、安防产业、先进制造业、绿色现代农业、健康产业、商贸物流产业、旅游产业等新兴产业，引领供给侧结构性改革，带动新疆产业转型升级。

2. 培育创新型企业集群

实施"创新型企业培育专项行动"。以发挥企业创新主体和主导作用为重点，重点培育信息、安防、新材料、装备制造等具有一流研发能力的、产值上千亿元级的产业集群，发展一批民营创新型企业，壮大一批科技活力强的新业态企业。大力激发企业自主创新动力。积极培育高端引领型创新企业。建设优势产业技术升级中心。大力发展中小型民营企业。

3. 打造科技创新平台

实施"创新平台建设专项行动"。在新疆创新试验区部署一批全局性的重大科技专项，建设一批国家重点实验室和重大科技创新平台，形成一批科技创新引领性力量。筹备建设一批国家级重大科技项目。积极推进国家重大创新平台建设。建立若干联合研究基地。建立"丝绸之路创新发展研究院"。

4. 建设科技成果转移转化示范区

实施"科技成果转移转化专项行动"。全面落实《促进科技成果转化法

（2015 年修订）》及配套法规政策，建立科技成果信息系统，加快科技成果转化平台建设，强化财政资金对科技成果转移转化的引导作用，促进疆内、外资源整合，建成丝绸之路经济带科技成果转移转化示范区。开展"天山众创行动"，建立一批以科技成果转移转化为主要内容、聚集优质创新资源的众创空间。组建促进科技成果转化引导基金。

5. 建设"人才特区"

实施"创新创业人才专项行动"。坚持"培养与引进并举、存量与增量并重"的基本原则，建立与新疆特殊区位和特殊环境相适应的更加优惠的人才政策体系，创新人才培养模式和人才激励机制，建设"人才特区"。除了待遇、住房、事业等方面吸引人才的措施外，着重推进"人才特区"政策改革内容。实施"丝路人才计划"。加快培养创新发展急需人才。建立柔性人才引进机制。试点关键创新人才的特殊支持政策。加快科技人员薪酬制度改革。深化职称评审制度改革。

6. 建设科技金融平台

实施"科技创新金融体系建设专项行动"。着力打造"科技信贷、科技资本、科技保险、中介服务、信息平台"的"五位一体"科技金融体系，实现新疆科技金融的创新发展。做大做强"中科援疆创新创业基金"。启动"新科贷"工程，增设科技支行，创办科技银行。设立银行业"投贷联动"试点。创新科技小贷的服务模式。利用多层次股权市场融资。设立科技创业证券公司试点。建立综合性科技保险支持体系。打造"一站式"科技金融网上超市。

7. 打造国际科技合作平台

实施"国际创新中心建设专项行动"。加快建设"丝绸之路经济带核心区科教文化中心（科技中心）"。依托丝绸之路经济带沿线国家创新资源的互补优势，充分利用上海合作组织科技合作机制、环阿尔泰四国六方科技合作机制、新疆与中亚和俄罗斯等国家官方科研机构合作机制，建设一批国际创新合作基地，着力打造在中亚、西亚具有持续影响力的区域性创新高地。

8. 建设高效服务型政府

实施"创新型政府全面改革专项行动"。围绕"三链对接"再造资源配置流程，通过信息化管理、政府服务体制改革等，在新疆创新试验区率先改革，打造形成"审批事项最少、审批效率最高、服务质量最优"的创新治理体系。构建综合信息服务平台。改革科技管理体制，按照国家科技计划管理方案，进一步优化整合现有科技计划（专项、基金等），实行分类管理、分类支持。加快构建公开统一的科技管理平台，对科技计划实行全流程电子化管理。深化科技金融监管制度改革。加快国际贸易"单一窗口"建设。开展跨境电子商务综合试验。

（五）保障措施

1. 加强统筹协调

建立部际协调机构，统筹指导新疆创新试验区建设。成立由新疆、科技部、深圳市和中科院主要领导组成的四方合作领导小组。组建由国内外知名专家组成的"试验区高层智库咨询委员会"。

2. 建立区域联合协作机制

一是在新疆创新试验区起步规划和先期建设阶段，优先加强新疆与科技部、深圳市、中科院四方的紧密合作，共同支持新疆创新试验区建设，率先落实形成四方合作机制和共建方案。二是充分发挥全国援疆机制的作用，统筹协调援疆各部门和各省市的援疆力量和资金与新疆创新试验区建设任务的有效对接。三是逐步对接北京市中关村、上海市张江等国家自主创新示范区，开展专项合作。四是建立政策互通机制，加强自贸区、保税区与新疆创新试验区的三区联动。

3. 设立试验区建设专项基金

采取多方筹措的方式，由国家、自治区、兵团、援疆省市、试验区所在政府、社会资本等联合建立"试验区建设专项引导基金"，用于调动现有资源的再配置以及吸引社会资源参与建设。

4. 推行以创新为导向的考核机制

将创新驱动发展成效作为重要考核指标，纳入经济社会发展指标体系和政府绩效考核指标体系。落实监督与检查。

（节选自《试验区建设方案（送审稿）》，本人为主要执笔人之一）

二、乌昌石国家自主创新示范区
总体规划方案

（一）重大意义

1. 建设乌昌石国家自主创新示范区是实现新疆社会稳定和长治久安总目标的重要抓手

党的十九大报告指出，国家安全是安邦定国的重要基石，维护国家安全是全国各族人民根本利益所在。要加大力度支持民族地区、边疆地区、贫困地区加快发展，强化举措推进西部大开发形成新格局，建立更加有效的区域协调发展新机制。新疆地处西部边疆，是国家能源基地、西部生态屏障，也是少数民族聚集地区和深度贫困面较大的地区，在全国区域协调发展中具有极其特殊和重要的地位。新疆局势事关全国改革发展稳定大局，事关祖国统一、民族团结、国家安全，事关实现"两个一百年"奋斗目标和中华民族伟大复兴。以习近平同志为核心的党中央明确提出社会稳定和长治久安是新疆工作的总目标。新疆所有工作都要服从服务于这个总目标。要实现这个总目标，必须处理好稳定与发展的关系，稳定是发展的前提，发展是稳定的基础。当前，新疆"三期叠加"的态势没有根本改变，反恐维稳任务依然艰巨繁重，长治久安的深层次问题需要不断破解。社会经济发展相对落后，人民日益增长的美好生活需要与发展不平衡不充分的矛盾比内地更加突出，特别是新疆长期存在城乡发展不平衡、南北疆发展不平衡、一、二、三产业发展不平衡等问题以及发展不能满足改善民生、生态文明、脱贫致富及健康新疆等的需要。从全国区域协调发展战略全局出发，采取差异化区域战略措施，通过建设乌昌石国家自创区，高强度推进新疆自主创新，显著增强科技维稳、科技扶贫、科技惠民的支撑能力，跨越式引领新疆经济社会持续健康发展，才能显著改善民生，才能全面脱贫，才能决胜全面建成小康社会，为实现社会稳定和长治久安总目标奠定可持续发展的坚实基础。

2. 建设乌昌石国家自主创新示范区是引领支撑丝绸之路经济带核心区建设的重要举措

党的十九大报告指出，要推动形成全面开放新格局。要以"一带一路"建设为重点，坚持引进来和走出去并重，加强创新能力开放合作，形成陆海内外联动、东西双向互济的开放格局。要积极促进"一带一路"建设，打造国际合作新平台，增添共同发展新动力。新疆作为丝绸之路经济带的核心区，区位战略地位不可替代，既是实现丝绸之路沿线国家互联互通的枢纽中心，也是我国向西开放的前沿特区，必须在"一带一路"建设中发挥核心引领示范作用，将新疆建设成为欧亚大陆经济合作的核心节点。核心区建设主要包括交通枢纽中心、商贸物流中心、文化科教中心、金融中心和医疗服务中心建设。目前，五大中心建设都已逐步实施，进展顺利。从科学发展出发，核心区建设不能走传统发展路子，必须遵循五大发展理念，必须把创新作为第一动力，基础建设、管理机制、投资模式等都需要创新。乌昌石三地是丝绸之路经济带核心区之核心腹地，在"五大中心"建设中承载着主体职能。通过建设乌昌石国家自创区，以体制机制创新为突破口，打通核心区不同功能区域的联通协作，整合创新资源，构建更加开放的合作优势，集中力量扩大与中亚西亚的创新合作，促进与丝绸之路经济带沿线国家的人文交流、技术交流，有利于把丝绸之路经济带建设成为开放包容、充满活力的创新之路。

3. 建设乌昌石国家自主创新示范区是新疆建设现代化经济体系的重要支撑

党的十九大报告指出，建设现代化经济体系是跨越关口的迫切要求和我国发展的战略目标。必须坚持质量第一、效益优先，以供给侧结构性改革为主线，着力加快建设实体经济、科技创新、现代金融、人力资源协同发展的产业体系。2016年7月，习近平总书记在视察西部地区时指出，"越是欠发达地区，越需要实施创新驱动发展战略"。新疆作为传统能源基地和原材料生产大区，传统产业比重大、一、二、三产业失调，能源消耗多、环境压力大，企业效率总体低下、现代产业聚集程度较低，更加迫切需要通过创新来加快产业转型升级，引领供给侧结构性改革。因此，在新疆建设国家自主创新示范区，开展创新驱动发展改革试验，培育创新企业集群，建立科技金融平台，努力探索新经验、创造新模式、培育新优势，走出一条要素聚集、开放合作、活力迸发的创新驱动发展之路，为新疆构建现代化经济体系提供强有力的科技支撑。

4. 建设乌昌石国家自主创新示范区是加快建设创新型新疆的重要工程

党的十九大报告指出，要加快建设创新型国家和科技强国。创新是引领发展的第一动力，是建设现代化经济体系的战略支撑。要加强国家创新体系建设，深化科技体制改革，促进科技成果转化。要倡导创新文化，培养造就一大批具有国际水平的战略科技人才、科技领军人才、青年科技人才和高水平创新团队。新疆维吾尔自治区党委确立了创新型新疆的"三步走"战略，即到 2020 年，新疆进入全国创新型省份行列，到 2030 年新疆跻身我国西部创新型省区前列，到 2050 年把新疆建设成为丝绸之路经济带上独具优势的科技强区。近年来，新疆科技创新取得长足发展，总体上进入跟跑、并跑和领跑并存阶段。但科技创新能力与发达地区的差距较大，创新基础薄弱，创新人才匮乏，创新环境欠优。通过建设乌昌石国家自创区，加大科技创新体制机制改革，构建创新体系，强化创新条件建设，优化创新环境，培养创新人才，才能从根本上强化新疆创新发展内在动力，有利于把新疆早日建成创新型省区和科技强区。

5. 建设乌昌石国家自主创新示范区是切实落实中央对口援疆工作要求的重要体现

习近平总书记强调指出，对口援疆是国家战略，必须长期坚持。中央要求各地特别是援疆省市要牢固树立全国一盘棋思想，完善援疆工作规划，为推进新疆社会稳定和长治久安发挥驱动作用。在 2017 年 7 月召开的第六次全国对口支援新疆工作会议强调指出，当前和今后一个时期对口援疆工作要认真贯彻落实党中央的治疆方略和援疆工作决策部署，在事关新疆改革发展稳定的根本性、基础性、长远性问题上精准发力，在对口援疆广度拓展、深度挖掘、力度强化上狠下功夫，不断提高对口援疆综合效益。全国科技援疆工作取得显著成效，目前已经形成"19+2"科技援疆合作格局，一大批科技项目和科技平台落地新疆，一批科技人才投身援疆，新疆科技创新能力不断提高。通过建设乌昌石国家自创区，有利于改革全国科技援疆机制，吸引聚集全国科技援疆力量，集中部署，精准发力，合作共建，在涉及新疆创新驱动发展的根本性、全局性问题上率先突破，是落实中央对口援疆总体部署和要求的重大举措。

6. 建设乌昌石国家自主创新示范区是加快实现兵地融合的重要途径

2017 年，在《中共中央国务院关于新疆生产建设兵团深化改革的若干意见》文件中，要求要加强兵地发展规划的衔接协调，凡涉及兵地发展的重要规划都要坚持自治区统筹、兵团参与、共同制定、共同实施。强调要加强融合发展制度建设。广泛开展"五同一促进"创建活动，推动形成经济融合发展、文化交融共建、维稳责任共担、民族团结共创的局面。通过建设乌昌石国家自创区，打破体制障碍，转变合作模式，强化兵地协同创新，探索形成园区联合、产业互补、平台开放、人才流动、政策融通的新机制，盘活创新资源，激发创新活力，构建共享、共建、共赢的创新格局，共同助推丝绸之路经济带核心区建设。

（二）战略定位

建设乌昌石国家自创区要面向新疆稳定发展重大需求、面向国家"一带一路"重大需求，探索适合于新疆自然、社会、经济、历史和文化特点的创新道路、创新模式和创新机制，力争成为支撑新疆未来发展方向的高地，引领推动新疆形成核心竞争力和长远竞争力。其战略定位如下。

1. 丝绸之路经济带创新引领示范区

发挥核心区优势，推动以科技创新为核心的全面创新，以体制机制改革为突破口，深化科技管理体制改革、科研机构分类改革、科研经费管理改革、创新人才激励制度改革及兵地融合创新改革等重点领域改革，充分释放改革红利，聚集创新要素，引领自主创新，培育创新动力。

2. 丝绸之路经济带科技成果转化示范区

立足核心区建设的重大技术需求，全面落实新修订发布的《促进科技成果转化法》及配套法规政策，加快成果转化平台建设，优化成果转化政策环境，推进知识产权综合管理改革，发挥产业援疆和科技援疆优势，构建成果转化服务体系，加速科技成果与经济直接对接、与产业直接对接，形成新的生产力。

3. 丝绸之路经济带新兴产业集聚示范区

面向疆内外产业市场需求和向西开放市场潜力，大力推进发挥企业创新主体作用的政策创新改革，加快为企业创新和"走出去"松绑解套，以政策、投入、金融等多种改革措施加快培育一批高新技术企业，形成若干战略新兴产业，辐射带动若干千亿元规模的产业集群，引领新疆产业结构转型升级。

4. 丝绸之路经济带国际科技创新合作示范区

立足丝绸之路经济带核心区的特殊地位，发挥上海合作组织和环阿尔泰地区四国六方等国际合作机制，坚持开放发展、共享发展理念，强化与中亚、西亚国家在资源、能源、农业等领域科技创新合作，联合建设若干国际科技创新项目、科技园区和人才合作基地，形成丝绸之路经济带上独具特色的国际化创新示范区。

（三）建设范围与功能布局

乌昌石国家自创区建设范围以乌鲁木齐高新区、昌吉高新区、石河子高新区等3个国家已经批复的国家级高新技术产业开发区四至范围为主体。建议国家自创区的空间布局规划建设范围包括已经建设区和当地政府近期规划建设区，辐射天山北坡经济带。

按照"构筑高地、产城融合、功能互补、产业链接"的总体布局思路，聚集各类创新要素向三地集中，逐步形成"产业融通、企业联盟、人才流动、政策贯通、信息联通"的一体化、信息化、便利化、高效化的创新创业生态体系。

1. 乌鲁木齐高新区

重点发展智慧安防、新材料、现代服务业、信息产业、生物医药与健康等产业，依托智慧安防产业园、临空经济区、大数据产业基地等建设，加快培育具有核心竞争力的领军企业，力争打造3个千亿级、3个百亿级产业集群。建设科技金融港，规范发展新疆股权交易中心，打造辐射全疆的科技金融高地。推进"人才特区"改革先行先试，打造创新创业人才聚集区。实施天山火炬众创行动，形成创新创业基地集聚区。率先建设高效创新服务型政府，打造科技体制改革先行示范区。

2. 昌吉高新区

重点发展先进装备制造、新材料、生物科技、检验检测认证等产业。

支持特变电工科技城和蓝山屯河科技城建设，打造世界特高压输变电装备制造之都，力争成为千亿元级规模的龙头企业。推进中国—中西亚检验检测认证高技术服务集聚区和现代职业教育园区基地建设，打造现代服务业承载区。开展援疆产业"飞地"模式试点，形成对口援疆创新合作示范区。

3. 石河子高新区

重点发展通用航空、信息产业、新材料、先进制造、节能环保等产业，加快推进通用航空产业园、高新材料产业园、节能环保产业园、兵团大数据产业园等建设，打造兵团产业转型升级示范区，力争打造 1~2 个百亿元规模的龙头企业。发挥兵团优势，加快提高科技创新能力和科技成果转化能力，形成兵团新兴产业发展承载区。积极探索兵地协同创新模式，创建兵地融合创新改革发展示范区。

（四）建设目标

到 2020 年，乌昌石国家自创区在体制机制、创新创业环境、重点产业和品牌培育、科技金融体系、高端人才吸引等方面的改革实践取得重大突破。乌昌石国家自创区成为对中亚西亚国家具有明显影响力的区域科技创新中心，支撑丝绸之路经济带核心区建设迈上新水平，引领新疆跨入全国创新型省区行列。

到 2025 年，乌昌石国家自创区引领全疆形成良好的创新创业氛围，建成具有新疆特色的科技创新创业服务体系和乐业乐居的创新人才家园；打造一批具有品牌优势和辐射能力的创新型产业集群，促进形成科技创新的引领性力量；推动新疆实现产业结构根本性转型，传统能源和原材料产业占工业产出的比重下降到 20% 以下，科技进步贡献率达到 70% 以上。通过乌昌石国家自创区的辐射带动，新疆整体创新水平处于我国西部省区前列，成为对中亚等丝绸之路经济带沿线国家具有较强带动作用的科技创新高地。

（五）重点建设任务

乌昌石国家自创区围绕建成"四个示范区"的战略定位，围绕产业、技术、市场、人才、金融等创新要素，突出重点、统筹规划，着力部署产业集群、创新能力、成果转化、人才高地、科技金融、国际合作、体制改革等建设任务。

1. 培育优势特色产业集群

深入实施国家"互联网+"行动、大数据行动及《中国制造2025》等，以发展新产业、新业态为主导，以培育与引进创新型龙头企业为核心，坚持"一产上水平、二产抓重点、三产大发展"思路，重点发展信息、安防、新材料、新能源、智能制造、绿色农业、生物、物流、现代服务业、旅游等产业，带动新疆产业转型升级。

2. 强化科技创新能力建设

以突破重大技术、部署重大项目、转化重大成果为重点，在乌昌石国家自创区系统设计，部署一批自治区重大科技专项，按照统一规划和部署，推进国家重大创新平台筹备建设工作，形成科技创新引领性力量。

3. 建设科技成果转化示范区

全面落实《促进科技成果转化法（2015年修订）》及配套法规政策，在自创区建立科技成果信息系统，加快科技成果转化平台建设，强化财政资金对科技成果转移转化的引导作用，促进疆内外资源整合，建成丝绸之路经济带科技成果转移转化示范区。

4. 建设创新创业人才高地

坚持"培养与引进并举、存量与增量并重"的基本原则，建立与新疆特殊区位和特殊环境相适应的更加优惠的人才政策体系，创新人才培养模式和人才激励机制，在自创区建设"人才特区"。

5. 建立科技金融服务平台

着力打造科技信贷、科技资本、科技保险、中介服务、信息平台"五位一体"的科技金融体系，实现新疆科技金融的创新发展。发挥政府创新投资引导资金的撬动作用，依法依规引导企业、社会加大科技创新投入，以基金联合、股权入资、成果产权合作及重大科技项目等多种方式参与创新合作。启动新疆科技贷款工程，适时推出"新科贷"，在乌昌石国家自创区新设或改造部分分（支）行作为从事科技金融的专业或特色分（支）行；支持符合条件的银行设立科技金融专营机构。建立综合性科技保险支持体系。

6. 打造国际科技合作平台

依托丝绸之路经济带沿线国家创新资源的互补优势，充分利用上海合作组织科技合作机制、环阿尔泰四国六方科技合作机制、新疆与中亚和俄罗斯等国家官方科研机构合作机制，建设一批国际创新合作基地，着力打造在中亚、西亚具有持续影响力的区域性创新高地。

7. 深化科技体制改革

在自创区率先落实已出台的国家自主创新示范区"6+4"政策及自治区出台有关科技创新配套政策措施。在此基础上，从实际出发，坚持问题导向，着力深化科技管理体制改革、企业创新机制、财政金融改革、人才制度改革、政府放管服改革等，全面激发自创区创新活力，打造体制机制改革先行示范区，形成若干可复制和可辐射的改革经验与创新政策，带动引领整个新疆创新驱动发展。

（节选自《乌昌石自创区建设总体方案〈送审稿〉2018》，
本人为主要执笔人之一）

三、新疆创新试验区成为西部欠发达地区
创新发展典型

为贯彻习近平总书记重要讲话精神，发挥新疆独特优势，推进实施创新驱动发展战略和丝绸之路经济带核心区建设，在科技部大力支持下，从2016年以来，新疆与科技部、深圳市、中国科学院建立四方合作，选择乌鲁木齐市、昌吉回族自治州、石河子市、克拉玛依市、哈密市的高新区、经开区、农业科技园区等7个园区作为"试验田"，探索适合新疆特点的创新驱动发展模式与发展路径，把试验区建设成为丝绸之路经济带创新引领示范区、科技成果转化示范区、新兴产业集聚中心和面向中亚国际科技创新中心。2年来取得重要进展，为西部欠发达地区实施创新驱动发展探索了经验。

1. 四方合作机制不断完善

一是高位推动合作。建立了由陈全国书记和王志刚部长担任双组长的四方合作领导小组，联合签署《四方合作备忘录》，研究出台《试验区规划纲要》及《试验区实施方案》。二是部门联动合作。形成了疆内外近30个部门参与的协调机制，多次召开联席会议，协商部署科技创新工作。三是政策互动合作。科技部积极推动国家科技创新政策在新疆落地，新疆密集出台试行近70多条创新创业政策。四是对口援疆合作。科技部发挥全国科技援疆机制，统筹中科院、深圳强化科技援疆合作，协调推进新疆与中关村、张江等东部高新区的创新合作。

2. 四方合作成果不断扩大

科技部把支持新疆摆在区域创新重要位置，召开部区会商专题研究，批准新建1个国家重点实验室、2个国家高新区、3个国家级双创基地，实施安防信息、盐碱地治理等科技项目。中国科学院面向新疆经济社会发展重大需求，在新疆部署110米射电望远镜、量子通信示范基地、中亚野生生物资源库等科技任务与国际科技合作。深圳市强化科技援疆力度，连续3年在深圳举办丝路创新交流会，签约26个科技项目约110亿元。在新疆启动

建设深圳新能源汽车示范基地、深圳华为基地、华大基因合作基地等。在深圳建成第一个新疆离岸孵化器。新疆维吾尔自治区党委政府高度重视四方合作,强化兵地融合,加大财政支持,组建了中科援疆基金、丝路创新基金和科技成果转化基金。出台新疆创新试验区人才改革方案。

3. 试验区示范作用逐步凸显

一是产业转型升级明显加快,安防信息、新材料、风能利用、特高压输变电、生物医药等新兴产业稳步发展。试验区高新技术企业增加了 102 家,高新技术企业营业收入增长 36%。二是科技创新能力不断增强。技术合同成交额增长 13.4%。专利申请量同比增长 16%,科技成果转移转化增长 35%。三是双创发展日益活跃。试验区集中了 60% 以上的科研机构、73% 高校和 65% 以上科技人才,各类孵化器达到 56 家。组建 3 个产业创新联盟集群,聚集 130 多家产学研机构联合创新。

实践表明,习近平总书记关于"越是欠发达地区,越需要创新驱动发展"的这一重要论断,科学准确,是指导西部地区创新驱动发展的行动指南,我们要坚决贯彻落实。我们要以习近平新时代中国特色社会主义思想为指导,加快乌昌石国家自创区建设,深化东西互利合作机制,开创新疆高质量发展新局面。

(主笔起草的 2018 年全国科技工作会议典型发言材料)

四、以乌昌石自创区支撑引领新疆经济高质量发展的建议

为切实贯彻落实自治区党委九届五次全会提出要全力推动高质量发展，抓好"1+3+3+1"的重大决策部署，丝绸之路经济带创新驱动发展试验区要紧紧围绕总目标，以持续增强创新发展能力服务总目标；要全面贯彻持续发展理念，以加快发展动能转换助力"三大攻坚战"；要大力推进科技创新，以新技术、新产品、新业态引领核心区高质量发展、支撑乡村振兴、带动旅游产业；要深化创新驱动体制机制改革，以良好创新创业生态加快核心区面向国内外扩大开放。根据《新疆创新试验区总体实施方案（2018—2020）》及"五地七园"的发展实际，建议此行动方案。

（一）建设乌昌石国家自主创新示范区，打造丝绸之路经济带创新驱动发展新引擎

用好用足国家自创区各项创新发展改革措施，到 2020 年乌昌石 3 个国家高新区的高新技术企业数量将达到 600 家左右，各类科技型企业达到 4 000 家，获得专利数达到 2 500 件，力争高技术产品销售收入突破 1 000 亿元，带动就业 20 万人。科技创新对经济发展的贡献率达到 65% 以上。

（二）实施创新型企业培育工程，促进丝绸之路经济带实体经济发展

全面落实企业创新主体地位各项政策，加大企业支持力度，"五地七园"着力打造形成 2 个千亿元规模的领军型企业、20 个左右百亿元规模的创新型企业、100 个左右十亿元的小巨人企业、1 万家小微型科技企业（简称"2211 企业创新工程"），组建企业领衔的 20 个左右产学研用创新战略联盟，支撑新疆现代化产业体系。

（三） 实施产业技术创新升级工程，强化产业发展科技支撑

试验区组织实施信息技术、生物技术、智能制造技术、互联网技术、新材料技术、绿色环保技术等一批重大科技专项，在信息产业、安防产业、先进制造业、新材料产业、健康产业、绿色现代农业、商贸物流产业、旅游产业及现代服务业等九大产业，形成较强的产业技术竞争力，试验区部署100多个高科技产业重点项目，预计总投资达到850亿元，"五地七园"九大产业经济总量力争达到3 000亿元以上（其中，信息产业预计1 000亿元，新材料产业1 000亿元，先进制造业500亿元，其他产业合计500亿元）。

（四） 实施重大科技平台基地工程，提升自主创新能力

联合区内外优势研究机构和知名企业，联合建设社会安全风险感知与防控大数据、中亚高发病、中亚生态环境修复、中亚民族医药等国家重点实验室。联合建设110望远镜、光学及聚丙烯薄膜工程技术中心、量子信息技术研究院、协同设计制造集成平台、新疆制造业技术创新中心、高血压等临床医学国家示范基地、中国农业科学院西部农业研究中心、新型肥料工程技术中心、生物蛋白饲料工程技术中心、畜禽品种知名品牌综合示范基地、中亚生物种质资源库等一批标志性科学平台和新型研发基地。

（五） 实施"双创"升级工程，促进成果转移转化

在试验区建设检验检测园区、亚欧大数据交易平台、国家知识产权交易中心新疆分中心，加快科技成果转化。建设绿谷创新中心、留学人员创业园、启迪之星新疆孵化基地、八戒新疆园区、国家级双创示范基地等一批众创空间。在北京、上海、深圳、大连等城市建设10个左右的新疆创新试验区离岸孵化器。众创空间达到60家、企业孵化器数量达到30家，在更大范围、更高层次上推进大众创业、万众创新。

（六） 打造国际科技合作平台，服务向西开放战略

充分利用上海合作组织科技合作机制、环阿尔泰四国六方科技合作机

制、新疆与中亚和俄罗斯等国家官方科研机构合作机制，建设一批国际创新合作基地，着力落实"上海合作组织科技伙伴计划"，建设"中国中亚科技合作中心"，支持建设中哈、中塔农业科技示范园，乌鲁木齐中亚民族药创新药物研发国际合作基地，克拉玛依中英联合智能制造创新中心，石河子中荷国际育种合作基地等。

（七）打造科技金融服务平台，带动现代金融发展

发挥政府创新投资引导资金的作用，组建"试验区天山创新投资基金"，做好"中科援疆创新创业基金"及"自治区科技成果转化基金"，引导鼓励社会资本以基金联合、股权入资、成果产权合作及重大科技项目等多种方式参与试验区基金合作，运用多元化募集方式建立产业子基金、区域创新子基金等，5 年内引导试验区形成总额约 100 亿元的各类创投基金群，打造"科技信贷、科技资本、科技保险、中介服务、信息平台""五位一体"的科技金融体系。

（八）打造创新政策平台，优化创新创业环境

深化试验区创新管理体制机制改革，构建审批最少、效率最高、服务最优的政府高效化、信息化创新管理平台。重点建设政务大数据服务中心、新疆科技创新服务网工程、单一窗口政务服务平台。建成新疆科技报告制度、全程电子化科技管理系统及科技信用制度。启动科技创新系统化改革 26 个试点，全面落实"试验区建设 18 条政策""新疆科技成果转化 9 条""新疆以知识价值为导向的分配政策 11 条"以及试验区建设"人才特区"优惠政策、创新型企业优惠政策。

（完成于 2018 年的专项建议报告）

五、新疆维吾尔自治区科技体制改革做法与成效

近年来，新疆维吾尔自治区科技厅紧紧围绕社会稳定和长治久安的总目标，加强顶层设计，超前谋划，通过科技创新和体制机制创新"双轮驱动"，有效激发经济社会发展活力。

（一）打好组合拳，加快实施科技体制改革

1. 贯彻中央精神，谋划新疆创新发展

牵头拟定《自治区贯彻落实〈国家创新驱动发展战略纲要〉的实施意见》，首次提出新疆创新驱动发展"三步走"战略蓝图，并以自治区党委名义发布，成为指导我区创新驱动发展的纲领性文件。编制完成《自治区"十三五"科技创新发展规划》，提出科技发展"12345"总体思路，凝练提出10个重大行动和7项体制机制改革措施，明确新疆科技创新改革的时间表和路线图。研究制订《自治区深化科技体制改革实施方案》，确定了科技体制改革总体施工图和部门职责分工，形成了多部门跨领域协同推进科技体制改革的良好局面。

2. 主攻重点难点，打好改革"组合拳"

突出优化科技资源配置，加快科技计划体系改革。针对过去各类科技计划设置过多，定位不明确，经费结构不合理等突出问题，制订实施《自治区科技计划体系改革方案》，将原有的18类科技计划按"5+1"模式优化为10类计划和基金的格局，改革步伐走在全国前列。新启动的重大科技专项、重点研发专项由企业牵头、产学研合作承担的比重达到45%，较"十二五"同期高出19.4%。

3. 突出科技成果转化，强化人才创新激励机制

针对科技成果转化的制约瓶颈，出台"新疆九条"等政策措施（即《关于激发科研机构和科研人员创新活力促进科技成果转化的若干政策》）。其中，有关"对科技成果完成人（团队）的奖励比例不低于所得净收入的70%"的突破性政策，已在中国科学院新疆理化所、新疆药物研究所、新疆

畜科院等单位落地，这一政策极大地激励了科技人员的创新热情，对促进科技成果处置权下放，收益分配权改革，鼓励科技成果股权交易等将产生重大影响。2017年将出台《自治区落实以增加知识价值为导向的分配政策实施意见》等政策措施，进一步激发人才创新创业积极性。

4. **突出科技金融改革，完善创新投入机制**

为有效解决科技投入不足难题，我们在科技金融改革创新上寻找突破口，发起组建"中科援疆创新创业基金"，区内外13家单位共同出资4.6亿元，首期对5家科技型企业完成投资5 660万元。自治区正式设立"新疆科技成果转化投资引导基金"，落实启动资金6 000万元，加快推动科技成果转化和产业化发展。

（二）融合"两大战略"，推动新疆创新试验区建设

1. **强化顶层设计，实现高位推动**

融合国家创新驱动发展和"一带一路"两大战略，自治区党委政府与科技部创造性提出建设"丝绸之路经济带创新驱动发展试验区"的战略构想，并得到深圳市、中国科学院的积极响应，签署合作备忘录，形成四方合作、共同推进的联动机制。成立由自治区党委书记和科技部党组书记为"双组长"的新疆创新试验区建设领导小组，研究制订《总体规划纲要》和《建设方案》，使这一战略构想逐渐转变为创新驱动发展的现实。

2. **突出七大产业，部署八大任务**

新疆创新试验区采取"一区多园"的空间布局，重点在乌、昌、石三地发展信息产业、安防产业、先进制造业、绿色现代农业、健康产业、商贸物流产业和旅游产业等七大产业，努力打造1~2个千亿元规模的龙头企业、10~15个百亿元规模的创新型企业，建成5~6个高水平孵化器，到2020年，新疆创新试验区内企业主营业务收入达到5 000亿元以上。统筹部署产业转型升级、创新型企业培育、创新平台建设等"八大建设任务"，努力把试验区建设成为产业聚集和技术创新的引领性力量，形成示范带动全疆产业转型升级的高地。

3. **加大政策创新，激发内生动力**

为把新疆创新试验区建成创新驱动发展的试验田和"动力源"，在自治

区相关部门通力协作下，《建设方案》提出争取国家授权试验区先行试点重大改革政策需求 22 项，包括企业培育、科技金融、成果转化、人才支持、创新基地建设等 5 个方面。自治区也将出台先行先试政策措施 18 条，并已启动筹建专项基金和高效政府服务改革试点工作。三地五区积极主动，出台先行先试政策措施。目前，部分建设任务陆续落地试验区。深圳的华为、华大基因、北科生物等企业在试验区建立合作基地。清华启迪之星众创基地、中国农业科学院西部农业研究中心、全国棉花创新联盟等已经落户。与北京市中关村、上海市张江、天津市自创区等一批合作项目开始洽谈。试验区建设呈现出你追我赶、创新驱动的勃勃生机。

（三）服务总目标，激发新疆经济发展活力

2 年多来的科技体制改革与创新为经济社会发展注入新的活力。

1. 科技创新能力显著提高

2016 年，自治区全社会 R&D 经费支出预计 54 亿元，其中，企业支出在 70% 以上；全区技术合同成交额 3.99 亿元、增长 13.4%；专利申请量同比增长 16.2%，万人发明专利拥有量达 1.58 件。一批科技成果的转化运用成为支撑产业升级的重要动力。全区高新技术企业达到 468 家，其中，新增 6 家企业在新三板挂牌、2 家企业成功上市。

2. "三大专项行动"落实科技惠民

在科技维稳方面，强化维稳高技术研发和安全信息重点研发平台建设，深入推进科技强警；在科技惠民方面，加快推动"双语"教育重大技术研发成果转化应用，启动白癜风精准治疗等重点研发计划，筹建维吾尔医药产业联盟；在科技精准扶贫方面，稳步推进国家和自治区科技富民项目，深化科技特派员创新创业行动，产生了良好效果。

3. "双创"活动激发社会创新活力

"天山众创行动"第一批备案确定自治区众创服务机构 42 家，其中，16 家众创空间共设立创业投资种子基金 1 600 余万元，孵化创业团队近 300 个，在孵初创企业 300 余家，创业辅导培训累计逾万人，有 14 家众创空间进入国家科技企业孵化器管理服务体系。成功举办第三届新疆创新创业大赛。

2017 年，科技工作将全面贯彻自治区第九次党代会、自治区科技创新大会精神，聚焦服务总目标，以新疆创新试验区建设为契机，以深化科技体制改革为动力，推动科技创新成果更好地惠及各族群众，更有效地服务于经济社会发展，为实现新疆社会稳定和长治久安提供有力支撑。

（完成于 2017 年上报科技部的专项报告）

第四部分

新疆农业高质量发展

【导言】新疆作为全国重要的农业资源大省和农业生产大省，全力推进农业提质增效，对发挥新疆的农业资源优势，实现新疆社会稳定和长治久安的总目标具有重要的意义。在自治区党委常委、自治区人民政府副主席艾尔肯·吐尼亚孜的亲自领导和指导下，我牵头组织来自疆内外的20多名专家，于2018年3月20日至5月20日，赴喀什、塔城地区重点调研了农作物、林果业、畜牧业、乡村振兴、节水农业、企业加工等共8个方面的137个调研点，召开专题座谈会11场，探索新疆农业高质量发展的思路与对策，研究成果得到了自治区领导的高度重视。

一、新疆农业提质增效的总体进展情况

(一) 主要成效

党的十八大以来，在以习近平同志为核心的党中央坚强领导下，自治区党委紧紧围绕社会稳定和长治久安总目标，提出"一产上水平、二产抓重点、三产大发展"总体部署，全区上下努力推动一产上水平，促进农业提质增效，现代农业发展逐步加快，农业农村经济呈现稳中向好态势。通过本次调研情况来看，各地在农业提质增效上积极推进工作，采取了一系列有效措施，取得了许多新的成效，主要表现在6个方面。

1. 在产业发展思路上有新的转变

一是把实施乡村振兴战略作为重点，依靠农业供给侧结构性改革和科技创新促进农业提质增效。如喀什地区按照"稳粮、优棉、促畜、强果、兴特色"的要求，把工作重点放到"引导农民调、指导农民种、帮助农民销、带动农民富"上来。塔城地区坚持农业农村优先发展，以"三品（品种、品质、品牌）"为目标，"抓两头促中间"为措施，以产业化、集约化、特色化、效益化为重要路径。二是农业发展目标由增产导向开始向提质导向转变，把增加绿色优质农产品供给放在突出位置，走质量兴农、科技兴农和绿色兴农之路。如沙湾县棉花产业在稳定面积的基础上，着力提升棉花质量，提出了"以生产中高档原棉为目标"，以中高档棉产品消费用棉为导向，再造新疆优质棉花品牌。叶城县以着力提升核桃产业的质量和效益为目标，提出了"核桃产业升级十大措施"。沙湾县和和田县以提升林果品质为目标，大力发展种养结合循环经济有机栽培，走产业绿色发展之路。三是农业经营方式由分散式个体经营逐步向适度集约化规模化转变。如沙湾县加快发展多种形式的"共赢制土地股份合作社"，出台一系列政策措施，已经创建合作社107家，入社农户5 602户，入股土地面积26.63万亩（15亩＝1hm²，下同）。莎车县土地流转总量达到20万亩，主要包括企业流转5万亩、合作社流转1万亩、种植大户流转9万亩、农户自愿代管代种 5 万亩。目前，全区各类合作社 2.5 万家，成员 65.5 万户，入社农民人均增收约 400 元。

2. 在产业发展模式上有新的探索

积极扶持农产品加工企业、合作社、产业园区等多种发展模式，有力带动了农业产业化发展。截至 2017 年，全区培育自治区级以上农业产业化重点龙头企业 509 家（其中，国家级 32 家），国家农业产业化示范基地 5 个、农村创业创新园区 23 个，自治区农业产业化园区 43 个。阿克苏地区建立国家棉花产业联盟试验区，打造棉花与纺织服装企业适度融合全产业链模式。例如，沙湾县采取"用棉企业提出用棉标准，专家团队会同种子企业筛选推荐种子品种，合作社按高水平规范标准组织生产，棉花加工企业严格按高标准技术规范加工皮棉，用棉企业按质量标准高于市场价格订购"的新模式。英吉沙县积极推进"企业+合作社+农户"现代经营制度，实现小农和现代农业发展有效衔接。畜牧业方面，昌吉回族自治州打响了"天山牛、新澳羊、天康猪、泰昆鸡"四大龙头企业品牌战略，畜牧业产值占农业总产值比重达 53%，又如，麦盖提县牛羊托养合作社模式、沙湾县、托里县畜牧业草畜联营合作社养殖模式；农产品加工业方面，如英吉沙县依托晨光生物科技集团发展 2 万亩万寿菊产业、依托优乐果公司带领 64 个专业合作社转化加工 2 万吨果蔬、叶城县依托美嘉食品集团以技术创新引领核桃产业多级加工升级等。额敏县渼筠农业生态专业合作社通过"公司+合作社+基地+农户"的模式发展种植、养殖、精深加工等多元化产业，实现村集体、合作社、农户三方利益共赢。

3. 在产业技术上有新的进展

在绿色环保技术方面，实施"防污、控水、减肥、减药"行动，全区累计推广高效节水（滴灌）面积 3 422 万亩、水肥一体化技术 3 218 万亩。推广测土配方施肥 4 112 万亩。主要农作物绿色防控技术覆盖率达 27%，专业化统防统治覆盖率 35%，农药利用率 38%。年处理人畜粪便 1 257 万吨，积施农家肥 5 217 万吨。推广秸秆还田 2 415 万亩。建成 67 个废旧地膜回收加工利用企业和 375 个回收网点。在高效优质栽培技术方面，各地主要从品种、机械化、节水灌溉、病虫害防治以及初级加工等多方面提升产业技术水平。例如，叶城县总结推广"核桃产业升级十大措施"（品种改良、精品果园、机械化修剪、疏密改造、人工授粉、病虫害飞防、核桃种质资源收集、线上线下电商、核桃产后分级加工等），为核桃产业提质增效和品牌市场打下产业技术基础。又如，沙湾县"棉花产业升级技术"，重点示范推广优质棉品种、育苗移栽、双色地膜、卫星导航无人机作业以及建立机采棉社企联盟、农机合作社等，该县棉花节水滴灌率达到96%，农业机械化率达到97.5%。额敏县依托江苏常州公司技术因地制宜推广生物降解地膜，取得良好效果。

4. 在产业政策上有新的举措

加大了农产品有机、绿色和地理标志申报管理力度，有效期内产品1 300个，同比增长21%。2017年，在农业部授牌的8家国家级农产品地理标志示范样板产品中，全区奇台面粉作为国家"升级版"农产品地理标志保护产品代表榜上有名。着力创新农业发展体制机制。如沙湾县全面推进棉花供给侧结构性改革，全面完成农村集体土地确权登记颁证，推进农村集体产权制度改革，实施农机作业招投标制度，探索合作社土地经营权抵押贷款新机制，为11家合作社发放贷款1 955万元。沙湾县棉花实现了"统一品种、统一整地、统一播种、统一管理、统一采收、统一交售"的六统一标准化管理，棉花的品质和产量得到较大提升，农民收入得以稳定提高。额敏县积极推进农业政策性保险，全年参保种植面积达到45万亩、参保奶牛近2万头。另外，许多县将用水总量控制目标层层分解落实，实行考核制度。大部分县市实现了量水到乡、按方收费。

5. 在培育特色产业上有新的拓展

设施农业发展稳步推进，南疆四地州现有设施农业面积约30.4万亩，日光温室13.3万亩（含兵团1万亩），其中，喀什约占总面积的47%，阿克苏占33.5%、和田占12.6%。塑料大棚17.1万亩，其中，阿克苏约占总面积的74.3%，喀什22.8%、和田2.5%。设施农业有效缓解了南疆地区人多地少的矛盾，部分解决了南疆冬季蔬菜的供给。如岳普湖县全县设施蔬菜面积达到133.4万平方米，形成了越冬茬和秋延后接早春茬两种栽培模式，温室利用率可达71.5%。塔城地区外向型设施农业发展进入新的阶段，依托中哈巴克图-巴克特口岸农产品快速通关"绿色通道"，每年出口的蔬菜占全区蔬菜出口总量的50%以上，蔬菜出口量全疆第一。在特色农业产业培育方面，庭院经济和休闲旅游业也得到了一定发展。例如，叶城县提出的"十个一"目标（户均一套安居住房、一个有规划的庭院、一座标准牲畜棚圈、一片菜园、一片果园、一群牛羊、一群家禽、一架葡萄、一人劳务输出、培养一名大中专学生），按照发展意愿自愿和缺项补项的原则，户均增收 1 万元，全面开展立体特色庭院建设，已建成 20 467 户（计划完成 103 910 户），其中，贫困户 4 345 户。又如，麦盖提县依托"刀郎文化"发展乡村休闲旅游农业，2017 年累计旅游接待游客 28.58 万人次，增长 10%，全县有一定规模的农家乐 14 家，通过发展休闲农业增加了农民收入，促进了脱贫攻坚。昌吉回族自治州拥有休闲农业示范县 9 个，休闲农业经营组织 570 余家。

6. 在农业节水方面有新的提升

全区目前高效节水面积 3 578 万亩，居于全国第一。农田灌溉水有效利用系数由 2015 年的 0.52 提高到 0.542。严守"三条红线"，退耕减水取得阶段性成效。2017 年喀什、塔城 2 个地区共退地减水 36.6 万亩。大力推进"井电双控"措施，实现用水总量、定额监控和超定额加价管理。喀什、塔城机电井计量设施配套率接近 100%。在农业水资源高效利用方面，增强小型农田水利基础设施建设力度，大力推广节水技术，全面实施区域规模化节水灌溉行动。如塔城地区高效节水灌溉率达 77%，平均节水增产 20% 以上。在水资源的高效管理方面，积极探索新型高效节水运行管理模式，如喀什地区针对当地小农户经营问题，探索了以政府采购服务为基础，专业化灌溉公司托管和"建管护"一体化交钥匙模式，大幅度降低了农户运行成本。积极推进农业水权水价的综合改革，如喀什伽师县、塔城沙湾县开展水权水价试点，将水权量化到户并颁发初始水权证书，实施阶梯水价制度，为促进节水农业起到良好作用。

（二）突出问题

1. 战略认识不够到位

新疆在保障我国国家安全和生态安全具有特殊战略地位。农业产业是新疆最具有特色优势的基础产业，是实施乡村振兴战略的优先产业，对于实现农民增产增收，全面建成小康社会及保障新疆社会稳定和长治久安总目标具有不可替代的战略地位。新疆是典型的绿洲农业区，也是典型的生态脆弱区。多年的过度开发，造成水资源严重短缺，土壤盐渍化、农田土壤污染、草原草场退化等生态环境问题十分突出，迫切需要在生态文明建设中转变农业发展方式。但在调研中看到，总体上新疆农业发展依然处于传统的"三高两低"（高产量、高投入、高消耗，低质量、低效益）的农业发展阶段，不少部门依然存在忽视农业、轻视农村的现象，许多惠农政策难以真正落实，形成了政策棚架。调研结果显示，2017年喀什地区本级财政几乎没有农业投入和科技研发投入，援疆投资中农业投资占3.03%。塔城地区农业本级投入15.11亿元，占地区总支出的8%，援疆投资中农业投资仅占3.2%。必须下决心改变农业"说起来重要、做起来次要、资源分配时不要"的被动局面。

2. 产业方向不够明确

一产上水平的方向是实现农业三产融合发展。调研认为，围绕一产上水平问题，在如何处理好传统产业和新型产业上，各地普遍存在对新型产业认识不足，了解甚少，尤其是互联网+农业、休闲农业、康养农业等新业态几乎谈到很少，特别是南疆更加突出；在农业内部的一、二、三产业融合方面，主要精力还是在初级原料生产上，农产品加工业"短、少、弱"，棉花加工比例不足15%，核桃、红枣、牛羊肉等主导产品的精深加工率不足10%。喀什地区林果产品加工企业实际初加工能力61.4万吨，不到果品总产量的32.4%。其中深加工能力17.3万吨，不到9%。农业服务业刚刚起步，农产品分级、冷藏、物流、电商等链条不全，总体上新疆农业三产融合发展还处于初级阶段。

3. 技术路径不够清晰

一产上水平实质上是一个经济过程，是涉及技术、经营、政策、管理等多方面的系统工程，农业的强烈区域制约特征决定了一产发展必须要因地制宜出发，系统考虑，找准突破口，不能搞"一刀切"。从调研情况来看，大多数地方对提质增效需要破解的问题不够明确，主导产业选择不甚明确，不少政府依然沿用传统生产发展思维，甚至采取下达强制性种植面积等计划经济手段来指导农业，市场经济的决定性作用发挥受到制约，需要从思路上解放思想、创新思维，才能找准突破。

4. 产业发展政策不够完善

一产上水平最有内在动力的是培育龙头企业和合作社等一批新型经营主体，这就需要政府把服务于大中小微等各种企业作为主体，构建有利于企业落地生根发展的良好创新创业生态。但从考察情况来看，南北疆的产业生态系统普遍存在企业经营成本高、融资难、市场优惠难、补贴不到位、水价电价改革慢、技术创新很弱、合作社管理不善等诸多问题。据自治区农经局统计，2016 年喀什地区注册登记的农民专业合作社 2 779 个，塔城地区 3 425 个。其中，种植业合作社占两地总量的 28.98%，畜牧业合作社占 44.68%。其中，存在大批僵尸合作社，实际运转正常的不足 10%，出现不少套取政府补助资金的"空壳"合作社。

5. 基础能力建设不够扎实

一产上水平离不开产业发展的基础设施现代化。调研情况来看，农业基础设施欠账多。主要表现在：高标准基本农田建设标准不到位、粮食功能区及耕地保护区尚未完全落实、水利工程特别是农田"最后一公里"工程滞后、南疆农田三级渠道防渗率低下、农产品加工设备及冷链物流设备严重不足、农业科技服务处于"缺编、缺人、缺资金、缺激励"的状态。数据显示，喀什地区能够正常运行的高效节水工程约 175 万亩，仅占总灌溉面积 23%，已建工程闲置率高达 58%、渠道防渗率 18%，农田灌溉水有效利用系数仅为 0.463，综合灌溉定额 774 立方米/亩，低于全疆平均水平。

二、关于农业提质增效战略地位的再认识

(一) 农业提质增效是贯彻落实习近平关于"三农"重要论述的重大行动

习近平总书记指出"三农"问题是关系中国特色社会主义事业发展的根本性问题，是关系我们党巩固执政基础的全局性问题。还提出了"三个必须""三个不能""三个坚定不移"等新观点、新理念（"中国要强，农业必须强；中国要美，农村必须美；中国要富，农民必须富。""任何时候都不能忽视农业、不能忘记农民、不能淡漠农村。""要坚定不移深化农村改革，坚定不移加快农村发展，坚定不移维护农村和谐稳定"）。习近平总书记关于"三农"工作的重要论述是做好"三农"工作的根本遵循。新疆根据自身特点要贯彻落实习近平总书记关于"三农"工作重要论述的精神，必须强调质量兴农、科技兴农、绿色兴农，推动农业全面升级、农村全面进步、农民全面发展，补齐自治区全面实现小康的"短板"。

(二) 农业提质增效是实现新疆社会稳定和长治久安总目标的必然要求

习近平总书记强调"农业兴、百业兴；农业衰、百业衰；农业萎缩、全局动摇""农村稳才能全局稳"。农业可持续发展是实现新疆社会稳定和长治久安总目标的根本基础，农民收入的持续增长是新疆社会稳定的重要保障。坚持一产上水平农业提质增效，发展壮大特色农业产业，促进经济建设和农业现代化发展，提高农民收入水平，这是实现社会稳定和长治久安总目标的必然要求。

(三) 农业提质增效是打赢三大攻坚战的重要保障

必须通过狠抓一产上水平和农业提质增效，增强农业综合生产能力，助力打赢精准脱贫攻坚战。打好防范化解重大风险攻坚战，必须有赖于农

业稳定和粮食安全，有赖于稳健发展农村金融业，引导金融服务农业生产和实体经济。打好污染防治攻坚战，必须树立保护生态环境就是保护生产力、绿水青山就是金山银山的理念，严守生态红线，加强农业生态环境保护建设，加大农业农村污染防治力度，强化绿色兴农，促进农业提质增效。

（四） 农业提质增效是深化供给侧结构性改革，建设现代化经济体系的重要任务

推进农业供给侧结构性改革，必须走质量兴农之路，着力完善现代农业经营体制。要充分认识到，新疆现阶段农业发展面临着疆内外对新疆农产品更高质量需求与疆内农业产品质量供给不平衡不充分的新矛盾，必须大力推进农业由增产导向转向提质导向，加快构建新疆现代农业产业体系、种业体系、生产体系、经营体系、服务体系，不断提高农业创新力和竞争力。

（五） 农业提质增效是实施乡村振兴战略的重中之重

习近平总书记提出了乡村振兴战略的"五大振兴"理念，把产业振兴放在首位。新疆维吾尔自治区党委农村工作会议上提出了实施乡村振兴战略的"九个着力"的总要求，把一产上水平农业提质增效摆在了更加突出的位置。从新疆实际出发，农业提质增效要以产业振兴为目标，突出绿色化、优质化、特色化、品牌化，按照"稳粮、优棉、促畜、强果、兴特色"的部署，以科技创新服务为支撑，合力推动农业一产上水平、农业二产补短板、农业三产延链条。

三、关于进一步厘清农业提质增效的总体思路

新疆农业提质增效的总要求，就是要以习近平新时代中国特色社会主义思想为指导，贯彻党的十九大精神和以习近平为核心的党中央治疆方略，紧紧围绕总目标，服从服务于总目标，贯彻自治区党委农村工作会议和经济工作会议总体部署，遵循农业现代化基本规律和现代化产业经济发展规律，立足实际、把握方向、科学谋划、创新驱动、稳步推进。坚持"三个四"的总体发展思路，即"聚焦四高目标、坚持四位协同、着力四个突破"。

（一）聚焦"四高目标"，促进农业朝着"高质量、高效率、高科技、高保护"现代化农业方向发展

1. 高质量引领

农业提质增效不仅要注重农产品品质质量，生产出更加安全、健康、优质的农产品，也要注重农业绿色生态质量，更加注重农业绿色发展，推进标准化生产与质量监管，全面提高新疆农业品牌创新力、竞争力和市场占有率。

2. 高效率导向

要大幅度提高土地产出率、资源利用率和劳动生产率，延长产业链、提升价值链、完善利益链，推动农业一、二、三产业融合，全面提升农业综合要素生产率。

3. 高科技支撑

要以生物技术、信息技术、智能制造等高技术为引领，用现代技术装备改造传统农业。通过科技创新提高供给结构对需求结构的适应性，提高科技创新供给的质量，建立健全农业科技创新体系和农村科技服务体系。

4. 高保护支持

农业是受自然规律和经济因素双重制约的产业，具有相对的弱质性。

发达国家现代农业都是高度重视对基础设施、农业教育科研、农业科技推广、农业补贴、农业金融、农业保险等方面的保护政策，这是现代农业发展的重要保障。

（二）强化"四位协同"，构建现代农业产业体系

现代化农业产业体系是现代化经济体系的重要组成部分。农业提质增效要实现农业实体经济、农业科技创新、农业现代金融、农村人力资源四位协同发展。

1、培育壮大龙头企业是重要抓手

习近平总书记指出，实体经济是一国经济的立身之本，是财富创造的根本源泉，是国家强盛的重要支柱。深化农业供给侧结构性改革，离不开现代企业进入农业产业各个环节，采取引进与培育并举措施，大力扶持发展农业加工、流通、销售、服务等企业集群，这是构建现代农业产业体系的关键一招。

2. 发展现代农业金融是重要保障

习近平总书记强调，金融是实体经济的血脉。要促进农业科技与金融的有效结合，积极推动建立多元化、多层次、多渠道的科技投融资体系，优化农业产业创新投融资的环境，解决现代农业产业实体经济融资难、融资贵的突出难题。

3. 强化农业科技支撑是根本出路

习近平总书记指出，创新是第一动力，是现代经济体系的战略支撑。推进农业供给侧结构性改革，促进农业高质量发展的根本出路在科技进步。通过提高农业科技水平，提高农业产业竞争力，通过现代科技成果应用大幅度提高土地产出率、资源利用率和劳动生产率，提升农业整体效益。

4. 聚集农村人力资源是动力源泉

习近平总书记指出，人才是第一资源。创新驱动实质上是人才驱动。现代农业要发展，出路在科技，关键靠人才。要把人力资本开发放在首要位置，大力培育农业农村人才，采取有效政策措施，畅通智力、技术、管理等要素进入农业农村的绿色通道，造就懂农业、爱农村、爱农民的农村人才队伍。

（三）着力"四个突破"，加快传统农业向现代农业转型升级

1. 抓生产技术上水平

针对新疆现有区域特色明显的粮食、棉花、林果、畜牧等主导产业生产技术比较粗放、标准化程度低的问题，加大符合市场需求的新品种培育和引进力度以及示范推广力度，加强种养业的绿色高质高效生产技术与模式创建，推进种养现代装备与基础设施升级，通过加强科技创新力度与科技推广示范应用力度，显著提升种养科学技术支撑水平。

2. 抓产业增值上水平

针对新疆农业产业链条短、处于产业链低端水平问题，大力开发农业多种功能，延长产业链、提升价值链、完善利益链。实施农产品加工业提升行动，建设现代化农产品冷链仓储物流体系，打造农产品销售公共服务平台。发展数字农业、创意农业、旅游农业等新业态。

3. 抓市场竞争上水平

针对新疆农产品市场竞争力不强的问题，要加快新品种新技术示范应用，大力提高农业技术竞争力，降低农产品生产成本。要大力实施新疆农产品品牌创建行动，着力培育一批新疆区域农产品公共品牌和特色品牌标准体系，构建农产品品牌市场服务体系和品牌监管保护体系。统筹规划建立新疆农产品地理标志产品和生态原产地保护基地。

4. 抓经营管理上水平

针对新疆农业经营管理服务不到位的问题，要加大力度引进和培育现代农业企业和企业家，依托企业主体作用，促进农业经营管理要上水平。要强化乡村振兴制度性供给，加大力度培育新型农业经营主体培育，健全完善社会化服务体系，降低政府的公共服务成本。

四、关于重点产业提质增效的问题和对策建议

（一）关于稳粮问题

1. 现状问题

目前，全疆粮食生产处于区域平衡略有结余的状态，人均粮食生产量是全国平均的 1.4 倍，其中，全区人均小麦 302 千克（喀什地区人均 346 千克，塔城地区人均 1 296 千克）。但南北疆粮食需求和生产水平发展不平衡，主要表现在小麦食品消费需求与区域小麦品质单一化问题（以中筋和中弱筋为主）引起的结构性矛盾，南疆对小麦食品依赖程度更高，且小麦食品品质诉求与北疆存在一定差异。小麦单产提高难度大，单产一直徘徊不前（400 千克/亩左右）。据自治区粮食局统计，全区小麦总消费量稳定在 600 万吨，小麦面积 1 800 万亩，实际总产量 690 万吨，全区总库存量 710 万吨，每年需化解库存 71.8 万吨，去库存压力大，具有适度减少（约 300 万亩）小麦播种面积的余地。南疆果粮间作方式对果粮产量和品质影响大，呈现"双输"局面，必须加大调整。南疆三地州种子体系封闭僵化，阻碍了新品种应用和品种更换速度。南疆饲料粮生产和供给严重不足。

2. 目标思路

稳粮的核心是口粮自给，关键是稳定小麦生产。建议按照"分区施策、区域平衡、南稳北优"的原则，坚持藏粮于地、藏粮于技的解决路径。南疆四地州要稳定现有小麦面积，采用收购兜底、水政调整（以小麦定水适度调整为以林果定水）、退二增一（退出 3 年以上核桃地间作小麦，退出 2 亩间作小麦，增加 1 亩白地小麦，保证小麦总产不变，确保口粮安全）措施。北疆以供给侧结构调整为引领，以小麦生产功能区划定为基础，调优小麦筋力，发展小麦专用粉，延伸小麦产业链。减少高海拔冷凉区小麦面积。南北疆分区施策积极发展饲料粮玉米，南疆"改模式、提单产、增青贮"，北疆"提效益、减地膜、扩制种"。

3. 技术途径

一是藏粮于技，长期稳定加强小麦、玉米科技投入，设立新疆小麦玉

米产业技术专家体系，实施小麦、玉米优质高效科技创新工程。

二是藏粮于地，切实加大高标准农田建设力度，大力推进耕地质量提升。

三是试点推进果粮间作种植模式改革，适度调整以小麦定水为以林果定水的配水制度，逐步退出 3 年以上核桃间作小麦。

四是南疆试行小麦"退二增一"制度，增加小麦科技投入提高单产。

五是大力发展小麦精深加工产业，延伸小麦产业链，提高小麦产业综合效益。

4. 政策建议

（1）切实落实小麦优质优价、优质优补政策。研究小麦收储新政策下小麦产区与销区利益补偿机制，南疆敞开收购兜底，采取与北疆差异化的收储政策。

（2）对优质小麦统一供种给予补助，对从事优质小麦购销、加工的企业贷款给予贴息奖励。

（3）改革种子供给体系，打破南疆封闭僵化的种子供给体系，运用市场竞争机制，吸引具有小麦种子知识产权、有实力的种子公司参与竞争，提高种子供给质量，加快品种更新。

（4）以绿色生态为导向，试点将农业补贴发放与耕地质量等级保护责任挂钩的机制，引导农民保护地力。

（5）试点开展以小麦定水调整为以林果定水的配水制度改革，带动果粮间作模式改革。

（二）关于优棉问题

1. 现状问题

目前，新疆棉花产量居于全国第一位，面积占全国 65%，产量占全国 70%，占世界产量 15%。棉花收入占农户收入的 30%~50%，棉花产业地位依然十分重要。但新疆棉花产量高、品质低的问题日趋严重。表现在：一是棉花生产单位以高产品种选择为主，忽视棉花品种内在品质，致使棉纤维长度、细度、强力、马克龙值不符合高支纱纺织企业需求；二是各县乡棉花种植品种多乱杂，甚至多品种混种，造成棉纤维一致性差；三是棉花收获时轧花厂混收、混轧，造成原棉加工品质差、纤维一致性差；四是人工采棉"三丝"问题严重，导致棉花商品品质下降。

2. 目标思路

优棉的核心是抓好棉花品质的 3 个环节：一抓遗传品质，由棉花品种的内在遗传特性所决定；二抓生产品质，由棉花生产过程中的生产和栽培技术应用所决定；三抓原棉加工品质，由籽棉加工成皮棉的加工工艺和设备所决定。

优棉的主要目标是：大力发展高品质、高效益棉花生产。切实落实现有棉花生产技术规程，到 2020 年实现新疆棉花质量和效益双增长，主体棉花产品（细绒棉）实现"双 30"目标，棉纤维含"三丝"在国家标准以下。

3. 技术途径

一是制订新疆棉花区域布局规划，进行多类型棉纤维生产布局，形成长绒棉、中长绒棉、细绒棉、短绒棉合理的区域化布局。

二是推行实现"一县一种"和区域性棉花统一品种集中生产，提高棉花纤维一致性。

三是通过大力推广应用高品质棉花新品种，提高棉花内在品质。

四是通过大力推广机械化采棉生产技术，提高棉花生产效率、降低棉花采收成本，降低棉花"三丝"，提高棉花商品品质。

五是通过大力推广棉花滴灌高产栽培技术，挖掘单产潜力，提高资源利用率，提高棉花生产品质，降低生产成本。

六是加大棉田残膜回收技术应用，试点推广生物降解地膜，减少农药化肥使用量，提高棉花绿色品质。

七是通过改进现有棉花轧花设备和工艺，提高棉花加工品质。

4. 政策建议

（1）加大全疆高标准农田建设，加大南疆棉区滴灌田建设。

（2）加大全疆机采棉收获、运输、清花等配套设施条件建设。

（3）加快组建新疆棉花科技创新体系，形成以"学科带头人+专业技术创新骨干"为主体的创新团队，重点加强棉花创新重点实验室和试验基地建设，形成持续稳定的科研经费投入制度。

（4）针对影响新疆棉花品质的重大技术问题，组织实施新疆棉花提质增效重大科技行动，着力解决新疆原棉品质不高的问题。

（5）在棉花生产组织形式创新方面，示范推广沙湾棉花提质增效的经验，加强棉花生产一、二、三产业链接，鼓励"一区一品、多区一品"棉花种植，形成"棉纺企业+原棉加工企业+区域性生产基地+棉花生产合作社+农户"的完整产业链。

（三）关于促畜问题

1. 现状问题

目前，新疆畜牧业生产能力持续增强，2017 年全区牲畜存栏 4 946.45 万头（只），同比增长 15.7%，肉类产量达到 153 万吨、牛奶产量 160 万吨、禽蛋产量 37 万吨，人均占有量明显高于全国平均水平，成为名副其实的西北畜牧业生产大区。主要问题是：一是畜禽主导品种优势地位不突出，优良种畜供种能力不足，畜禽良种繁育体系不健全；育种工作缺乏长期性，技术服务体系不健全。二是传统养殖方式仍占主导地位，总体现代化水平不高；传统农户养殖方式不利于畜牧业实用技术推广，影响和制约了新疆畜牧业养殖效益水平的提高；草地牧业超载严重，农区牧业的饲草料供给存在区域性不平衡，秸秆有效利用不足；动物疫病防控形势严峻；畜牧产业化发展相对滞缓，缺乏龙头企业辐射带动作用，畜牧产业的生产、加工销售环节链条短、效益差。

2. 目标思路

按照"促畜、增草、强防疫"的要求，坚持生态优先、绿色发展、农牧结合、牧区繁育、农区育肥的原则。优化提升传统牧业，创新发展现代畜牧业，努力把畜牧生产大区建设成为畜牧产业强区。北疆重点提升良种牛羊繁育规模和水平，加快暖季放牧冷季舍饲模式的推广运用，倡导牧区草畜有序流转。南疆依托托养模式扩大牛羊养殖与育肥规模，提高良种繁育能力和育肥水平，推进特禽标准化规模养殖水平。以促进畜牧业现代化发展为导向，建立健全现代畜牧业良种繁育体系、标准化与规模化养殖体系、饲草料生产加工保障体系、产品加工经营体系和疫病防疫体系。

3. 技术途径

一是种畜以优质高产优先，倡导引进与本地培育结合，加速畜牧新品种更新换代。

二是重点实施畜牧业生产"四良一规范"推广应用，加快现代畜牧业示范区建设。

三是以稳定或适度增加存栏量、大力提高畜禽出栏量为突破点，农区推广绵羊冬羔生产、"两年三产""小户繁育、大户（合作社或育肥企业）育肥"，肉牛推广自繁自育、异地育肥等养殖生产模式。

四是利用早期断奶育肥技术开展肥羔生产，提高生产效率。

五是探索"牧区繁育农区育肥"或"暖季放牧冬季舍饲"的合作经营生产方式，提高养殖效益。

六是南疆以建立"小户繁育、大户（合作社或育肥企业）育肥"的生产模式，提高南疆地区肉羊肉牛育肥规模水平。

七是加快农区节水型人工饲草产业发展，提高秸秆饲料化技术利用，构建新型饲草产业发展格局。

4. 政策建议

（1）政府协调银行放宽养殖贷款门槛，继续加大政府对优良种畜禽和主导品种能繁母畜财政补贴力度，调动畜禽育种企业积极性。

（2）落实粮改饲项目补贴政策，推进南疆地区粮改饲（草）和北疆地区旱改草工程建设。

（3）建议对疆内饲草运输实施"绿色通道"政策及饲草料购销贷款贴息补助等优惠政策。

（4）建议自治区出台对主要品牌畜产品外销运费补贴政策，提高全区畜产品在国内市场的价格竞争能力。

（5）建立稳定的畜牧业基层技术服务队伍、健全利益保障机制政策，提高全区畜牧业基层技术服务人员工作补贴，并进一步加大培训力度，提高队伍综合服务技能。

（四）关于强果问题

1. 现状问题

目前，全区果品产量达到 1 890 万亩，产量 730 万吨，人均占有量 304 千克，是全国平均 121 千克的 2.5 倍，成为名副其实的果品生产大区，果品收入占农民生产性收入的 40% 以上，是南疆主产区农民收入的主导来源，产业地位极为重要。主要问题是：一是传统农家品种退化，新品种少，布局不合理；二是投入不足，管理技术落后，导致单产和品质下降；三是林果企业、专业合作社、家庭林场等多元化新型林果经营主体培育滞后，现有标准体系远未落实于林果种植生产；四是水资源匮乏、林果农作物种植水肥矛盾加剧，导致双方产量、品质下降；五是果品质量安全监管力度不到位，超量使用化肥、农药和植物激素，林果产品质量安全检测体系不健全；六是林果生产机械化程度低，产品加工转化能力弱，市场竞争能力差。

2. 目标思路

以开拓果品市场为导向，走"品质强果、标准强果、特色强果、加工强果"的强果道路。以"稳定面积、优化品种、更新技术、提质增效、开拓市场"为指导，整体推进全产业链，把新疆林果业建设成区域特色鲜明、产业布局合理、经济效益显著、生态环境良好、城乡统筹发展的国家级现代特色林果产业聚集区，实现新疆从林果大区向林果强区的飞跃。全区标准化面积占总面积的 35%。优质果品产量占总产量的 40%。商品果率达到80% 以上。

3. 技术途径

一是优化林果区域布局，突出地域优势和特色，积极培育新型果树树种（品种），实行特色林果差异化分类经营。

二是优化种植模式，以水定地，调整配水制度，南疆果农间作模式应适时退农保果。

三是研发推广先进成熟的标准化生产等关键实用技术，积极探索适宜新疆的林果简约化栽培技术、密植低效果园改造技术。

四是强化灾害综合防控，提高林果基地御灾能力，以林果业有害生物、低温冻害、大风沙尘三大灾害为重点，构建覆盖全区的特色林果业灾害综合防控体系。

五是大力创建新疆果品区域品牌，加强果品分级等初级加工业及果品储运、精深加工业。

4. 政策建议

（1）显著提升林果产业战略地位，以高标准果园建设为抓手，促进林果产业现代化。

（2）创新财政补贴方式，新增财政补贴资金重点向新疆特色林果产区和新型林果经营主体倾斜。

（3）实施特色林果有害生物防治特殊支持政策，试点特色林果有害生物纳入公益防治支持范围。

（4）构建林果业社会化服务体系，采取政策扶持的方式，探索创建林果技术服务公司，引入专业化、社会化的服务体系。

（五）关于节水农业问题

1. 现状问题

新疆节水农业发展水平居于全国前列，节水面积达 3 578 万亩，约占全国节水灌溉面积的 14%。但新疆农业用水占全区社会总用水量的 93% 以上（全国平均 62%），农业节水压力巨大。南疆地区高效节水发展缓慢。受到小农户经营体制制约、现状渠系防渗基础太差以及果粮间作滴灌技术不成熟、缺乏节水约束与激励机制等因素影响，节水工程停运闲置问题较为突出，已建节水工程的闲置率高达 30% 以上。由于缺乏高效率泥沙处理技术和末级渠系水量自动化测控技术，河水滴灌供水保证率偏低，泥沙淤积问题突出。滴灌田间水肥管理较粗放，滴灌节水增产效果未充分发挥。南疆地区近年来适合水源条件的棉花面积压缩，而林果业规模扩大。但受春水不足限制，随着果林耗水量逐渐增加，粮、果、棉争水问题日益突出。

2. 目标思路

按照"建管并重、以水定地、夯实基础、改革机制、提升技术"的基本思路，加强以高效节水为重点的农田水利建设，继续实施大中型灌区节水改造，加强末级渠系量测水设施建设，到 2020 年全疆地方系统高效节水灌溉面积达到 4 300 万亩，高效节水面积比例达到 59%，农田灌溉水利用系数提高到 0.57，综合毛灌溉定额降低到 555 立方米/亩，农业用水量控制在 492 亿立方米以内。

3. 技术途径

一是加快末级渠系防渗和量水设施建设，积极推广整体装配式渠道防渗技术和自动化量水技术。

二是试点探索南疆地区"先建机制、再建工程"的新型高效节水工程建设模式。

三是推广小流量精细滴灌技术，逐步试点互联网+自动化滴灌技术，积极推广高效率滴灌泥沙处理技术。

四是强化种植结构调整的水资源供需保障分析，按照以水定地原则，优化林果用水灌溉制度与粮、棉、林种植布局。

五是强化科技支撑，提高精准灌溉水平。

4. 政策建议

（1）严守水资源管理 3 条红线，落实阶梯水价制度。

（2）建立节水补偿机制，试行基本农田节水工程水费奖励制度。

（3）对南疆未实施高效节水的大户或私人农场酌情计征资源水价。

（4）加快北疆东疆地区水权水价改革试点，强化节水设备质量监管和将新产品纳入农机补贴。

（5）试点开展退地减水纳入休耕补偿机制。

（六）关于设施农业问题

1. 现状问题

目前，全区设施农业生产面积稳定在 100 万亩左右，生产蔬菜瓜果 300 万吨左右，平均每亩纯收入 6 100 元，已逐步成为农民增加收入的特色产业。主要问题：一是设施生产水平低，附属设施不配套，环境调控能力差；二是缺乏必要的育苗基地，幼苗质量差；三是作物连茬严重，病虫害加剧，农药施用过量；四是缺乏设施专用果蔬品种；五是生产经营技术滞后，生产效益不高，不能形成规模化生产；六是北疆冬季蔬菜供给缺口大，周年生产布局难度大，农产品储藏保鲜、冷链物流能力不足，市场体系不健全。

2. 目标思路

以控制规模、提高效益、降低风险为方向，提高温室大棚利用率，发展设施果蔬有机生产技术，培育绿色无公害品牌产品，实行标准化生产，提高从业农民专业素质和种植水平，示范推广"政府+企业（农民合作社）+农民+基地+技术+信息服务"的经营模式，促进设施农业产业提质增效。积极发展特色果蔬反季节生产，提高冬季蔬菜自给供给能力。

3. 技术途径

一是完善废旧日光温室改造升级，推广高效设施保温增温技术。

二是适当发展标准拱棚、双膜小拱棚等低成本轻简化温室，大力开展春提早、秋延晚乃至深冬茬设施农业生产，满足反季节特色果蔬供给需求。

三是加强设施农业育苗基地建设，发展集约化统一育苗，切实提高育苗质量。

四是根据各地不同地域特点和市场需求，因地制宜做好"一园一品""一村一品"规模化订单生产。

五是完善冬贮方式及冷链物流，提高果蔬售前保鲜技术水平，加强农产品质量安全体系建设和检测检验力度。

4. 政策建议

（1）引导支持设施农业经营主体向农业生产企业、合作社和种植大户集中。

（2）加大投入，支持南疆果蔬保鲜库建设，调节蔬菜季节性供需矛盾。

（3）加大从业农民技术培训，强化人才服务队伍建设，充实设施农业技术力量。

（4）采取优惠政策，扶持发展设施农业专业合作社和培植企业。

（5）试点研究设施农业灾害保险补贴政策，加大保险支持力度。

（七）关于农产品加工业问题

1. 现状问题

目前，全区农产品加工业年总产值约 1 400 亿元，年均增长 7%，规模以上农产品加工企业 876 家，其中，高新技术企业 30 家，农产品加工转化比值提高到 0.62：1（全国平均 2.2：1），总体上呈现稳中向好态势。主要问题：一是农产品加工龙头企业规模和数量偏小，带动产业能力不强，农产品加工企业融资贷款难，企业缺少研发平台和专业技术人才；二是农产品冷链物流技术体系和贮运装备比较落后；三是农产品加工有影响力品牌少，农产品终端销售市场和销售方式单一；四是农产品质量安全评价技术标准体系缺乏。

2. 目标思路

按照"夯实基础、补齐短板、强化科技、开拓市场"的基本思路，加速改变新疆原料生产大区、农产品加工小区的现状，加快向农产品加工业大区转变。充分发挥农产品加工、贮藏和销售等对一产上水平的引领作用，依靠科技推动农产品精深加工技术水平，着力强化提升新疆农产品产后加工增值升级。把农产品加工业成为带动前端种植、后端物流营销和服务网络的枢纽型产业。

3. 技术途径

一是以培育和引进农产品加工龙头企业为突破口，带动农产品种植产品的发展。

二是积极推广"互联网+""十城百店"模式等多种农产品销售模式。

三是加快企业科技创新和产业升级，引导企业向前端延伸带动种植生产，向后端延伸建设物流营销和服务网络。

四是建立"三品一标"的质量和品质标准，解决农产品品牌弱的问题。

五是引导企业增加科技投入，提升企业的技术创新能力。

4. 政策建议

（1）培育"疆字头"的区域公共品牌，统领全疆特色农产品加工产品品牌建设，彻地改变目前品牌杂乱、市场竞争无序的现象。

（2）利用援疆机制推动内地省市建设冷链销售基础，完善果品配送销售体系。

（3）试点给予农产品初级加工企业用电与农业生产用电同价政策。

（4）试点改革调整"绿色通道"政策，给予初级加工产品享受鲜活产品同等优惠政策，降低企业成本。

（5）在南疆地区大力培养农产品销售经纪人队伍，完善种植产业和加工企业之间的沟通机制。

（八）关于旅游休闲农业问题

1. 现状问题

目前，新疆旅游休闲农业处于初期较快发展阶段，2016 年全区休闲农业经营组织 6 050 家，从业人员约 6 万人，完成营业收入 35 亿元，同比增长 18%，年接待旅游人次 1 739 万，比上年增长 20%。主要问题：一是现有的旅游基础设施较难满足迅速增长的游客需要；二是休闲农业经营管理和行政管理制度不完善；三是休闲农业环境管理机制不完善、缺乏相关政策约束；四是休闲农业创新力度不足，旅游休闲农业主题单一，资源挖掘不够。

2. 目标思路

从认识上要把发展旅游休闲农业作为引领农业绿色发展的优先产业来抓，以3次产业倒逼一产上水平。实施"旅游+农业"专项行动，大力挖掘新疆农牧业地区的旅游产品，强化顶层设计，抓好规划布局，制定产业政策，促进新疆休闲农业与当地资源结合更紧密、文化内涵挖掘程度更深刻、一、二、三产业发展更加融合、休闲农业布局更为合理、休闲农业特色差异化更加清晰。

3. 技术途径

一是编制旅游农业与乡村旅游产业发展规划，强化顶层设计，防止盲目发展。

二是加强旅游休闲农业产品设计和研发，提高科技服务水平。

三是发展"互联网+休闲旅游农业"信息化平台建设，打造全产业链发展平台。

四是完善全疆各地区休闲农业园区的基础设施，促进新疆休闲农业的发展。

4. 政策建议

（1）鼓励社会资本支持发展休闲农业，促进休闲农业企业化。

（2）对休闲农业园区环境管理规范化，出台相关的环境管理条例及环境管理奖励政策。

（3）对休闲农业园区基础设施、经营主体等管理规范化，出台相关的管理制度。

（九）关于数字农业问题

1. 现状问题

目前，新疆农业信息网络基本实现了互联网覆盖率高、行政村通电话率高、远程教育覆盖率高的阶段性目标。远程教育实现县、乡、村全覆盖，覆盖100%的社区。通过"金农工程"一期项目在全区的全面实施，65%以上的县（市）建立了信息服务平台，20%以上的乡镇建立了信息服务站。新疆农业数字信息技术已经在全疆农业生产、经营、管理、服务等方面得到示范和推广应用，并取得显著成效。2015年启动国家农村信息化示范省建设，农业信息交换标准、农业信息推送、农业信息交换共享、农业大数据分析、农业电子商务、农业特色旅游等诸多方面相关技术获得突破。但新疆数字农业水平在全国还处于中等偏下水平，尤其是应用效益指数偏低，处于全国落后水平。

主要问题：一是政府主管部门特别是基层政府主管部门对农业信息化重要性整体认识水平不足；二是政府缺乏农业信息化协同推进平台和顶层设计，各自为政，建设标准不统一、数据孤岛严重、难以实现农业大数据资源的开发利用；三是平台建设脱离真实需求，缺乏对农民生产有价值的数据，无法有效支撑生产决策和风险预警；四是农业信息服务手段落伍单一，缺乏有效、有价值农业信息获取渠道和农业生产综合大数据服务平台。

2. 目标思路

以"应用驱动，数据支撑、集成创新，点面结合、普适普惠"为指导，以提高农业生产智能化水平为目标，推动现代信息技术在农业生产各领域广泛应用，通过3年建设，力争物联网技术、大数据技术、北斗导航等在设施农业领域、大田种植领域、农产品加工流通领域、农产品销售等领域建立一批智能化大数据管理平台，促进农业生产经营数字化、网络化，助力农业提质增效。

3. 技术路径

一是根据农业农村部已发布116项节本增效农业物联网应用模式，全区积极借鉴成熟可复制的经验作法，探索符合新疆实际的"互联网+"现代农业发展模式。

二是加快发展农业电子商务、土地整理确权与交易数据化，推动信息技术在农业经营领域的创新发展。

三是加快农业大数据中心建设，完善农业数据仓库，构建数据集市，加强数据挖掘与分析利用，建立农情、农产品价格、农产品质量等不同主题数据库，为决策、管理和服务提供数据支撑。

4. 政策建议

（1）加强统筹协调，建立省级农业大数据中心，试点建立数据所有权、管理权与使用权分离的数据资产管理机制，推动农业数据资源整合交换、共建共享，分层分类对外开放。

（2）制定相关制度，鼓励引导本地物联网企业开展农业物联网技术设备研发和产业化推广示范。

（3）贯彻落实相关优惠政策，加快信息化科技成果转移转化。

（4）降低农村网络通信费用，减轻农民负担，推动建立普适普惠的农业信息服务体系。

（5）创新各类农业信息化项目建设运行模式，广泛吸引社会资本参与，推进政产学研用深度融合，推动建立长效发展机制。

五、保障与改革政策建议

(一) 增加农业投入，加大现代金融支持力度

落实农业农村优先发展战略，切实加大农业投入力度。

(1) 进一步建立健全农业投入持续增长机制，确保力度每年有增加。

(2) 推行耕地地力保护和粮食生产适度规模经营补贴比例分配机制改革。

(3) 试点把退地减水的农田纳入国家休耕补贴试点范围。

(4) 优化财政资金支农投向，重点加大对农业设施、农业创新技术、农业产品质量、农业品牌、农业绿色发展等领域的资金投入。

(5) 试点设立农业发展基金、担保基金、信贷风险补偿基金等，用于对新型经营主体贷款担保、金融机构风险补偿，形成农业信贷风险共担机制。

(6) 试点开展扩大农业产品保险范围，开发适合新疆农业特点的保险品种，完善以政策性保险为基础的基本农业保险制度，建立多层级政府主导的融资性担保基金。

(二) 建立科技创新体系，强化科技支撑能力

(1) 着力壮大新疆农业高新技术产业，按照先行先试、分类指导的原则，规划布局 10 个左右自治区级的农业农村高新技术产业开发区和 20 个左右的现代农业产业示范园区，支持培育 100 个左右农业高新技术企业。

(2) 在农作物和畜禽种业、棉花、畜牧业、小麦高效丰产、果品产业、农产品加工业、南疆果粮种植制度改革、农业节水、旅游农业、数字农业、智慧农业、电商农业等方面实施一批重大科技专项，力争关键领域有所突破。

(3) 组建 20 个左右的新疆现代农业产业技术体系，30 个左右的技术创新战略联盟，组建自治区农业提质增效专家智库组织。

（4）大力支持自治区农科院、畜科院、林科院、水科院、农大等研究机构自主开展岗位设置、职称评审、成果转化、分配机制等体制机制改革，鼓励建设一批农村科技服务基地和试验基地，给予减免用地、用水等相关费用的优惠支持。

（5）加强基层农技推广服务体系建设，完善地州市、县、乡三级科技信息服务网络体系。

（6）制定优惠政策与激励机制，深入推行科技特派员制度，引导高等学校、科研院所开展农技服务，鼓励和支持科技人员去领办、联办各类专业协会、农技服务实体，鼓励农业院校毕业生到基层农业推广机构工作。

（7）落实农技推广服务特聘计划，试点改革基层农村公益性岗位连续聘用制度。稳定提高面向农村科技服务人员待遇，推行允许以提供良好增值服务获得合理报酬的新机制。

（三）扶持农业企业，促进农业一、二、三产业融合发展

（1）支持农业企业规模化原料基地建设，引导农产品加工企业向主产区延伸，建设一批布局合理、优质稳定的规模化、标准化的农产品加工原料生产基地和加工基地。

（2）对符合农产品精深加工范围的企业，免征5年自用土地的使用税。

（3）试点推行农产品初加工企业用电实行与农业生产用电同价政策。

（4）试点开展农产品初级加工产品（分级、脱水、净化、烘干等）享受绿色通道优惠政策。

（5）对实施农产品加工国家鼓励类项目的企业，所需进口国外先进设备的试行所缴纳进口环节增值税按规定予以抵扣政策。

（6）落实农产品初加工企业所得税优惠政策，企业可凭收购发票按规定抵扣增值税。

（7）设立国家、自治区农业（龙头）企业、农业产业化企业重点项目工程库。

（8）对在特色农产品主产区，特别是南疆林果主产区建设的企业，试行优先供地、优先配置资源和优先审批。

（9）自治区地方金融机构要创新金融产品，增加贷款投放，单列支持

农业（龙头）企业、农业产业化企业在特色农产品、林果业发展的信贷计划，对其贷款应给予利率优惠。

（10）优先扶持本地农业企业，对引进的企业在促进产业发展和带动当地特色产业发展贡献突出的，给予优先支持。

（11）对农业企业用于农业生产发展的生产经营设施、附属设施和配套设施用地，符合国家有关规定的按设施农用地管理。

（12）支持农业企业开展大宗鲜活农产品产地预冷、冷藏保鲜、冷链运输等设施建设。

（四）落实惠农政策，着力培育农业新型经营主体

（1）扶持发展种养大户和规模适度的家庭农场带动小农户，鼓励农民以土地、林权、资金等为纽带，开展多种形式的合作与联合，提升农户家庭经营能力和组织化程度，推动家庭经营与集体经营、合作经营、企业经营共同发展。

（2）总结农民专业合作社和新型农业经营主体带动农户经验，深入推进示范社建设，引导和促进农民合作社规范发展。

（3）在条件成熟地区，鼓励组建农民合作社联合社，引导发展农业产业化联合体。

（4）支持农业产业化龙头企业和农民合作社开展农产品加工流通和社会化服务，带动农户发展规模经营，促进各类新型农业经营主体融合发展。

（5）各级财政要将扶持新型农业经营主体发展列入财政预算，建立与财力增长相适应的稳定投入增长机制和政策落实与绩效评估机制，构建框架完整、措施精准、机制有效的政策支持体系，促进新型农业经营主体持续健康发展。

（五）加大"三农"人才培养力度，健全基层技术人才服务体系

深入推进科技特派员工作，在现有科技特派员服务覆盖范围基础上，继续选优选强科技特派员，延伸科技特派员服务链，深入贫困边远行政村开展技术服务工作。依托重大科研项目、重大工程、国际交流合作项目，

利用对口援疆机制，试点"组团式科技援疆"模式，创新农业人才培养模式，推动人才结构不断优化，重点培养具有强大创新能力科技专家和高水平专业团队。

支持科技领军人才、高技能人才、专业技术人才等到基层开展农业技术服务，引导高校毕业生到基层就业创业，推进农村大众创业、万众创新。重视培育农村乡土人才，组织协调基层社会管理组织、经济服务组织、农业专业合作社、龙头企业等，针对农民企业家、回乡大中专毕业生、农村种植高手、养殖能人和能工巧匠等新型职业农民制定完善相关法规政策，使农村乡土人才工作有章可循，做到有项目支撑、有经费保障、有技术支持，充分发挥好农村乡土人才在农业提质增效工作中的示范引领和带动作用。

（2018 年本人牵头完成的专项调研报告总报告的部分内容）

第五部分

民族团结一家亲

一、援疆之路的点滴体会

回忆 2014 年 9 月 14 日，我和全国几百位第八批国家机关援疆干部一起怀着激动不已的心情，来到了大美新疆这片好地方，开始了我们的援疆之路。时光荏苒，不知不觉到了即将离开新疆的时刻，时间过得飞快，仿佛就在昨天。3 年援疆路，一生新疆情，这是我们援疆干部情怀的真实写照。忆往昔，3 年的磨炼、3 年的付出、3 年的苦乐，此时此刻我们每个人都有着自己的真切体会。

援疆是使命

习近平总书记 2014 年在新疆考察讲话中指出，对口援疆是国家战略，必须长期坚持。这为全国援疆指明了方向。我们来了，我们为了践行落实习近平总书记重要讲话，带着神圣使命成为一名光荣的援疆干部。我们来了，为了占祖国国土面积 1/3 的新疆，为了油煤气等资源占全国 1/3 多的新疆，为了 5 800 千米边境线最长的新疆，为了 56 个民族聚集和四大文明交汇的新疆，为了全国 4A 级以上景区最多的新疆，为了贫困人口最集中的新疆，我们个个满怀信心，我们个个扎扎实实，这是一幅可歌可泣的援疆画卷，使命光荣！

援疆是责任

新疆的事就是全国的事，新疆的稳定关乎全国稳定大局。建设美丽新疆，共圆祖国梦想。我们没有懈怠，没有犹豫，用真心、真情、真干援疆。坚决贯彻落实党中央治疆方略，敢于担当，敢于对"三股势力"发声亮剑，敢于承担重任，践行着三严三实，守土有责，援疆尽责，3 年来，我们在实干中赢得了当地干部群众的认同认可，来之不易！

援疆是奉献

我们每个援疆干部来自不同部门、不同单位、不同职业、不同年龄，每个人都是平凡的人。这3年中，我们经历了来自远离家庭、远离父母和子女、远离自己熟悉单位的种种苦楚、思念和孤独，我们克服了来自生活上、工作上、习俗上等等意想不到的种种困难，为的就是只有忘我舍义，方可砥砺前行，这种援疆干部的自我奉献代代相传，弘扬广大！

援疆是收获

劳有所获、做有所得。援疆不仅仅是付出，而更多的是收获。3年援疆，我们收获了政治信念的更加坚定，收获了自我价值的真正体现，收获了民族团结的丰硕果实。这才是我们援疆干部的无价之宝，弥足珍贵！

援疆是感恩

3年的援疆历程，离不开新疆各级领导关怀和同事们无私帮助，身边的领导、司机、助手等为我们做了许多服务，历历在目，感激不尽。我们援疆干部之间互相帮助、互相支持、互相交流，成为战友和朋友，建立了一辈子的援友情。在民族团结一家亲过程中，我们与新疆少数民族建立了难以割舍的民族情。3年援疆就是报答组织培养之恩，就是报答亲人朋友理解支持之情，永生难忘！

大美新疆我为您骄傲，可爱新疆我为您祝福。

（完成于2017年援疆干部座谈会发言）

二、援疆干部要以实际行动维护民族团结

身为一名援疆干部，在全疆齐心协力反分裂斗争的特殊时刻，必须经受得起严峻的政治考验，立场坚定，以实际行动反对分裂、反对"三股势力"，全身心投入维护社会稳定和民族团结的战斗中去。

要以实际行动宣传党的方针政策，把党的关怀融入自己的援疆工作中

党的十八大以来，特别是第二次中央新疆工作座谈会以来，以习近平同志为核心的党中央，把新疆工作摆在了前所未有的战略高度，明确了新疆社会稳定和长治久安的工作总目标，部署了一系列重大政策战略，确立了新疆是丝绸之路经济带核心区地位，确立了新疆在国家能源安全、国防安全、向西开放及西部大开发中的突出地位。可以这样说，我们新疆在党中央各项事业中都是最关注最关心的省区。我们看到了吧，近年来一个一个的重大建设工程落地、20多个援疆省区的无私支持、6 000多名来自五湖四海的援疆干部援疆人才，等等，这都是真切体现了全国人民把新疆的事当做是全国的事，把民族同胞的冷暖当做是自己的事。这是在党的好政策指引下，全国各族同胞一家人，携手奔小康的真实写照。在其他任何国家不可能有如此动人的场面，也只有伟大的社会主义中国在中国共产党领导下才有这样的丰功伟绩。我坚信，只要我们坚持在党的坚强领导下，一步一个脚印扎实做好新疆各项工作，全国一盘棋，全力出击，就一定能够取得反分裂斗争的决战决胜！

要以实际行动做好民族团结工作，情系民族兄弟，关爱民族同胞

援疆3年来，我先后调研了66个县，8次去和田墨玉县农村，尤其是通过民族团结一家亲活动，我深切领会到了我们新疆维吾尔族同胞那种热

情、朴实、坚毅的民族情感，感悟到了维吾尔族同胞在南疆相对落后生活条件下坚持跟党走、听党话，自己克服困难，不断追求富裕的那种强烈渴望，看到了我们维吾尔族同胞的孩子们活泼可爱、能歌善舞但又无法顺利以国家通用语言交流的那种无奈。自己在思考，如果我们的民族同胞都能够生活得更加富裕一些，能够普遍可以用国家通用语言交流，青少年都能够有真才实学，那么民族认同感一定会更加坚定，对中国社会主义的认识会更加明朗，对文明世界的获得感会更加丰富，对美好生活的向往会更加强烈，而那些极端宗教思想就无机可乘，"三股势力"就会不攻自破。我认为，抓好教育，尤其是基础教育是维护稳定最长远、最根本的大计。教育要从娃娃抓起，尤其是双语教育。这方面需要我们援疆干部多做工作。3 年来，我和我曾经的中国农业大学弟子们自发捐资，先后资助 10 名维吾尔族贫困大学生上学，奖励了 10 名双语教师。我坚信，只要我们全社会支持新疆民族同胞的教育事业，培养一批优秀双语教师，培养好下一代，那么，新疆的长期稳定就有了稳固的保障。我呼吁援疆干部们，要在民族教育事业上尽心尽力，多做实事，这是千秋万代之大计，也是反对"三股势力"的最犀利之剑！

（完成于 2016 年）

三、以黄群超同志为榜样　做有新疆特色的援疆好干部

最近一段时间以来，通过多种途径了解学习援疆干部的杰出代表、优秀共产党员黄群超同志的先进事迹，感人肺腑，催人泪下。我记得上一年我到阿克苏地区基层科技调研时，有幸与他见面并学习考察了由他引进的湖羊养殖项目基地，与他一起讨论了湖羊引进后如何从技术上解决适应性养殖的问题。当时就被他那种朴实无华、平易近人和求真务实的精神所打动，迄今记忆犹新。自从自治区党委号召我们援疆干部向黄群超同志学习以来，我一直在思考，面对日益繁重的援疆工作，面对新的要求，等等，究竟我应该学到什么？应该做些什么？才能无愧于党和群众对新一批援疆干部的充分信任和无限期待。体会有 3 点，就是坚持"三个不动摇"。

一是学习榜样，守土有责，要进一步坚定援疆理想信念不动摇

援疆干部是光荣无悔的人生抉择，做好新疆的事就是国家大事、做好新疆事就是自己的大事，要为新疆呼吁、为新疆争取、为新疆鼓劲，以别人把自己当做新疆人而自豪。一年多来的切身感受的确如此，我认为这是援疆干部内心最主要的定力所在。

二是学习榜样，贵在落实，要进一步坚定为新疆做实事的责任意识不动摇

要按照工作要求和组织交给的任务，以只争朝夕、时不我待的劲头，发扬钉钉子精神，一件事一件事抓好落实。特别是自己所在的科技厅，是全区科技系统的领头部门，一定要列出自己援疆的工作清单，把中央关于科技体制机制改革一系列的重大任务加快落地新疆，把新疆科技创新的重大任务加快落实到位。这就要向黄群超那样，发扬生命不息、奋斗不止的忘我精神，夜以继日，干在一线，勇于担当，自我加压，奋力完成 3 年援疆的光荣使命。

三是学习榜样，为国为民，要进一步坚定严格党纪政纪的底线意识不动摇

作为国家机关援疆干部来到基层，能不能守住廉政的底线，不撞红线，确实是面临着突出考验。在纪律方面必须对自己要高于当地干部严格要求，自觉带头执行规定，防止随大流、入旁途。我们 3 年后应当留下什么？黄群超同志一心为公、一心为了群众的先进事迹，深深教育了我，感染了我，也使我更加坚定了 3 年持续资助和田墨玉县萨依巴格乡贫困农村教育事业的决心。一个好援疆干部最大的成绩就是坚持为公为民做实事做好事，留下老百姓的好口碑，留下同事的赞许，留下与各族群众的友情。

总之，榜样的力量是无限的。援疆干部学习榜样的最终目标就是更加高标准要求自己，把自己锻炼成为优秀的新疆好干部。

（完成于 2015 年）

四、下沉驻村切实感受到南疆农村六大变化

我是 2014 年进疆工作的科技部援疆干部，这是在新疆的第四个工作年。2017 年 10 月 1 日开始，按照自治区党委总体要求，我在墨玉县萨依巴格乡吐扎克其村住了近 30 天。在这期间，我和驻村工作队一起先后入户走访 76 户，考察了村新建幼儿园，参加了包户劳动、走访结亲以及扶贫、维稳一系列具体工作。这段时间是我援疆以来最特殊、也是收获最多感受最多的一段经历。通过亲力亲为、观察思考，切身感到南疆农村正在发生着令人欣喜的新变化，归纳为 6 个方面。

一是农村基层的民族感情交流更加深入人心了

无论是到农户家里还是在田间地头或者大街小巷，都能看到面带笑容的维吾尔族同胞主动与驻村工作队成员打招呼，说声"亚克西姆塞斯"（维吾尔语是"您好"的意思）。到家里走访时家家主人都热情相迎，又拿葡萄又拿坐垫不停地招呼着，十分融洽。有一个老大娘听了我在升国旗仪式上的讲话后，一定要把一袋新打的核桃亲自来我住的村里送给我，当时我心里暖烘烘的。还有一位大嫂在我们入户走访离开后，跟随我们一定要把一盘苹果送给我们。不管是每次走访入户，还是出去遛弯，只要看到驻村工作队的同志，孩子大人们都与我们打招呼，有的还主动停下车子一定要送送。这就是我们可爱的同胞，多么纯真朴实。事实证明，近年来自治区采取综合措施促进民族团结，已经取得了明显成效。

二是老百姓对维护稳定各项措施更加理解支持了

近年来自治区党委政府采取一系列针对性极强的维稳"组合拳"，已经产生了明显效果，基层老百姓对"三股势力"的罪恶本质认识更加清醒了，对各项维稳举措更加理解了。对党的政策表示支持，对政府给予他们特殊帮扶表示感谢。当我问及一位妇女家里情况时，她笑着说感谢党给了她丈夫走出迷路重新做人的机会，相信家里生活会更加美好。

三是基层群众对国家通用语言学习教育更加主动和重视了

孩子是祖国的花朵和民族团结的未来。近年来自治区党委政府把国家通用语言教育摆在重要战略地位下大力气来抓，已经取得前所未有变化。现在南疆农村最漂亮建筑是幼儿园和学校。我住的吐扎克其村新建了一所幼儿园，基础条件很好，还聘任了几位年轻双语幼儿教师，已经有一百多个天真可爱维吾尔族孩子入园。每天早上都可以听到他们用国家通用语言唱国歌练语言。许多家长说孩子上国家通用语言幼儿园后，变得懂事了聪明了爱干净了。孩子们见到我们老远就大声用国家通用语言说"你好"，有的孩子可以简单交流。每天晚上村里安排夜校，许多村民自发前来学习国家通用语言。我走访的一位名叫阿曼古丽的年轻妇女，她有3个孩子，仍坚持学习国家通用语言，每一周可以学会几十个句子，她说学会国家通用语言以后要去大城市看看，还要办刺绣班。目前，国家通用语言学习热正在南疆农村悄然兴起，这也让维吾尔族同胞看到了希望，看到了未来，这是新疆长治久安的治本之策，百年大计，要常抓不懈。

四是农村群众生活方式更加文明优美了

文明社会需要文明生活。受基础设施、传统思想影响，过去南疆农村生活质量不高，生活方式比较落后。近年来，通过教育惠民、医疗惠民、安居工程、乡村治理、科普卫生下乡等多种措施，目前已发生了显著变化。村里道路硬化了，村民住上新房了，晚上有节能灯了、喝上自来水了、乡村医院开张了，绝大多数农户家里环境拾掇得干干净净。

五是农村基层的维稳工作更加扎实有力了

随着各项工作不断深入，许多村干部放弃自家农活一心扑在维稳上，特别是村干部与我们驻村工作队相互信任、相互理解、相互支持，形成了齐心协力抓维稳的良好局面，赢得了老百姓信任，村干部的威信比以往显著提高了，老百姓支持力度明显提高了。

六是访惠聚驻村干部的无畏奉献精神更加催人奋进了

在极其特殊的时期和环境下，才能锻炼一个人的品格意志，才能锻造队伍。1个月的朝夕相处，我感到我们的工作组就是尖刀班，具有极强的耐受力和战斗力，这是一群新时期最可爱的人。他们不论男女，不论老少，都是处于起早贪黑、废寝忘食、风雨无阻、苦口婆心的高度紧张状态之中，每个人每天工作12个小时以上。他们虽然是自治区厅局机关干部，但与村干部没两样，还要承担各种风险考验，心理压力极大，精神负担极重。驻村干部展现出的敢于担当、不怕风险、吃苦耐劳、任劳任怨、忍辱负重、舍家为国的独特精神，是一笔弥足珍贵的精神财富，值得大力宣传，倡导全社会学习。

每年几万名干部到7万多个农村社区开展规模宏大的"访惠聚"活动，这是新疆的一大创举。事实证明，这项工作取得令人折服的成果，开辟了边疆落后地区维稳脱贫的新模式和新途径，为做好农村工作和基层组织建设积累了重要经验。我深刻体会到，只有坚定不移坚持党领导一切才能做好新疆工作，只有始终坚持社会稳定和长治久安总目标才能建设好发展好新疆，只有坚持民心相通才能确保民族团结，只有把人民利益放在至高无上地位才能凝聚力量，不断把为人民造福事业推向前进。我真心祝愿美丽新疆，在以习近平同志为核心的党中央坚强领导下，在自治区党委的正确领导下，在党的十九大精神的光辉指引下，围绕总目标，勠力同心，团结一心，就一定能夺取全面建成小康社会和全面脱贫攻坚新胜利。

（完成于2017年，分别在天山网、《援疆干部人才》杂志上发表）

附　录

新闻媒体报道信息

高旺盛：援疆就要做新疆的儿子娃娃

科技日报记者　朱彤（中国科技网，2019.12.28）

岁末严冬，在新疆人民广播电台一间演播室，科技部援疆干部、新疆科技厅副厅长高旺盛作为一期节目的访谈嘉宾，接受专访。

专访中，电台的同志意外的播放了一段来自墨玉县的萨依巴格乡吐扎克其村幼儿园库尔班江等小朋友的录音：

高爸爸，您好。您让我们的村里有了高科技的路灯，您还鼓励我们要好好学习国家通用语言，长大成为有用的人，我们想给您唱一首歌。

"我来自偶然，像一颗尘土，有谁看出我的脆弱。我来自何方，我情归何处，谁在下一刻呼唤我"。

好男儿有泪不轻弹，孩子们的问候和幼稚的歌声，让他潸然泪下。2年前，他拿出第二次援疆的3年补贴，设立"国家通用语言之星"奖，资助墨玉县的吐扎克其村幼儿园的库尔班江等小朋友学习国家语言。小朋友的国家通用语言水平进步这么快，令他欣慰。

把自己融入到新疆　要做新疆的儿子娃娃

2014年9月，受科技部党组委派，在科技部农村司工作的高旺盛，作为第八批援疆干部，来到新疆科技厅开展援疆工作，担任新疆科技厅党组成员、副厅长。2017年9月，3年援疆期满，科技部援疆团队获得全国援疆先进集体称号。他因考核优秀，获得优秀援疆干部人才称号，记自治区二等功1次，三等功1次。他向组织要求继续援疆3年。

2019年4月，他身患重病，经过多次治疗，还未痊愈。本可以在家休养，谁也没想到10月他又重返援疆的工作岗位。从10月中旬返疆到12月10日离疆，他连续主持组织召开了自创区建设通气会、自创区发展规划咨询论证会，就进一步推进乌昌石国家自主创新示范区建设工作作了部署安排。

6年援疆路，一生新疆人。在援疆的征途上，本着"真心援疆、真干援疆、真爱援疆"的援疆工作理念，思考并践行"援疆来为什么、援疆要干什么、援疆留下什么"，他以实际行动履行着一个科技援疆干部的岗位职责，为实现新疆社会稳定和长治久安总目标，建设创新型新疆作出了自己不懈的努力。

说起援疆的体会，他说，选择援疆，无上光荣，6年援疆，无怨无悔。作为新时期科技部的一名援疆干部，就要做科技创新的推动者、做新疆创新发展的试验者、做新疆科技管理人才培养的示范者、做民族团结一家亲的践行者。

他有个最深的体会，援疆要真情、真心、真实，把自己融入到新疆，要做新疆的儿子娃娃，真做事真干事。

到国家有关部门和省区争取对新疆的支持，走到哪里都宣传新疆，讲新疆故事，不厌其烦，成为"家常便饭"。

注重服务基层，注重调查研究，他走遍14个地州的81个县，100多家研究单位、农村乡镇和企业，召开过多次各类不同的专家、企业座谈会。

他先后主持完成发布了《自治区"十三五"科技创新发展规划》《自治区关于贯彻落实〈国家创新驱动发展战略纲要〉的实施意见》《自治区深化科技体制改革实施方案》等重大文件近10万字。这几个重要文件确立了新疆"十三五"科技创新的总体思路、"三步走"战略、10个重大专项行动、119条科技体制改革政策等战略性部署与路线图。协调完成了国家科技部及自治区重大专项计划项目等多项重要科技项目部署工作。

援疆期间，他2个大哥和1位侄子病逝，从没对人说起过；生活上、工作上的种种困难，也没对人提过。他说，援疆只有忘我舍义，方可砥砺前行！

试验区和自创区两张名片背后的付出

试验区和自创区成为新疆科技创新艳丽的两张名片。说起这些和背后的付出，同事们说，他和我们一起起草文件，加班加点，挑灯夜战是常事。

2016年，新疆联合科技部、中国科学院和深圳四方联合启动丝绸之路经济带创新驱动发展试验区建设。

四方联建是件新鲜事，也一件里程碑意义的大事。面对意义重大，没经验可循，困难多的难题，担任试验区领导小组办公室综合组副组长的他，按照试验区领导小组的决策部署，大胆创新改革，主动负责，主动谋划，马不停蹄、夜以继日地工作，协调完成了《丝绸之路经济带创新驱动发展试验区总体规划纲要》，主持完成的《新疆创新试验区总体实施方案（2018—2020）》正式发布。

新疆创新试验区建设得到了科技部、国家发改委的联合发文支持。自治区试验区建设取得重要阶段性进展，40多个重大科技创新工程项目已经落地，26个体制改革试点顺利推进，北京、上海等市的6个新疆离岸孵化器挂牌运行，中国农业科学院西部研究中心等一批高水平研究基地逐步落户试验区，近20亿元的试验区科技创新与成果转化基金逐一落实。试验区工作得到科技部、自治区领导一致好评，得到社会广泛关注，新疆创新试验区建设成为新疆科技创新工作的一大亮点。

2018年11月国务院批复建设乌昌石国家自主创新示范区，这是全国第20个。回忆起这件大事，高旺盛动情地说，对西部欠发达的新疆来讲这是党中央国务院的特殊关照，来之不易。国务院批复乌昌石自创区具有里程碑意义的大事，我能够为此作出贡献也感到无比自豪。

在试验区的基础上，2017年下半年自治区决定申报国家自主创新示范区。这对于新疆是一件大喜事，但新疆的创新能力、创新条件等与其他自创区比较存在很大差距，申报的难度可想而知。具体的协调落实的重担扛在了他的肩上，为了做好前期工作，他带队和专家组先后到上海市张江、安徽省合芜蚌、深圳市等国家自创区深入调研，还先后组织在新疆几个国家高新区密集召开一系列座谈会，讨论自创区规划相关问题。

2017年10月，自治区党委决定所有干部下沉1个月。他到和田墨玉县萨依巴格乡吐扎克其村驻村，与科技厅驻村工作队吃住在村委会，白天和同志们要入户调研、科技扶贫、讲法；晚上住在村里加班加点撰写自创区有关报告。经过三天三夜的挑灯夜战，完成了2万多字的关于申报乌昌石国家自主创新示范区规划总体方案，提交自治区政府审定并在此修改后，于2017年11月上报。

上报后的几个月时间里，他和同事马不停蹄逐个到相关部委沟通和征求意见，多次请求说明新疆的特殊性，希望能够特事特办；反复修改规划方案达50多次，同时，还征求新疆16个厅局的修改意见。这种情况下，终于在2018年9月以科技部名义正式上报国务院。2018年11月28日正式发文批复。

他有个维吾尔族名字"买买提高"

住户结亲期间，他在墨玉县沙衣巴克乡沿河村先后和7个维吾尔族同胞结为弟兄，互称大哥。在7个维吾尔族同胞中有4个人名叫买买提。时间长了，他们8人亲如兄弟，大家把他称为"买买提高"。

每次结亲见面，其乐融融。他们一起高唱没有共产党就没有新中国、高唱中华人民共和国国歌等歌曲。每次，他还要求他们必须坚持学习国家通用语言，每次见面要会至少10句以上汉语。如果会说100句，他答应出钱资助他们来北京到家作客。由于交流交心交融，7个维吾尔兄弟学习国家通用语言积极，劳动致富积极，都成了当地的积极分子。

访惠聚期间，他带领培养的中国农大的40多位研究生开展"援疆爱心助学"活动，用筹到的6万元善款，资助了2015年录取到新疆大学、江西师范学院等院校的萨依巴格乡10名维吾尔族优秀贫困大学生。目前这10名大学生学业有成。

为了鼓励当地的国家通用语言教学，他把自己前3年的援疆补贴3万元资助奖励了10名维吾尔族的优秀汉语教师，激励他们教好国家通用语言，提高教学水平。

2017—2019年，他把后3年的援疆补贴3万元，捐给驻村的吐扎克其幼儿园。在此设立了"国家通用语言之星"奖励，由幼儿园每周、每月、每学期评选学国家通用语言好的幼儿，象征性的奖励，鼓励他们好好学习国家通用语言，并以小托大，带动学生家里人提高国家通用语言水平，鼓励支持来自甘肃、贵州等省的支教年轻人和大学毕业生，鼓励他们好好教学。

他先后多次去幼儿园，在课堂教孩子们练习汉语、一起唱国歌、一起跳舞、一起做游戏俨然成了"孩子王"。孩子们用维吾尔族习惯称他为"高爸爸"。今年六一儿童节期间，躺在病床上的他，还惦记着远在几千公里之外幼儿园的小朋友，特意寄去1万元人民币，委托科技厅的驻村干部举行了资助奖励活动。当地群众被他的行为所感动，写下感谢信并赠送了"爱心助学，至诚至爱"的锦旗。

他在这个村认了2个维吾尔族的干女儿，一个叫努尔曼，另一个叫努尔比亚，2个女儿清秀漂亮，国家通用语言不错，特别喜欢学习。目前大女儿读高中，成绩名列前茅，小女儿读初中，成绩突出。每次家访，2个孩子都叫他"高爸爸"。看到他们热爱学习热爱生活的样子，他答应一定帮助2个孩子实现去北京上大学的梦想。

说起这些，他说，在民族团结一家亲过程中，我与新疆少数民族建立了难以割舍的民族情。

就在做完访谈节目的没几天，由于身患重病尚未痊愈，天寒地冻的气候以及高负荷的工作让高旺盛"吃不消"，不得不提前结束援疆工作回京，在与同事们告别的微信中，他动情地写道：回想起我们一起加油干的日子历历在目，一起快乐的情景历历在目，试验区、自创区成为新疆创新两张亮晶晶的名片已经闪耀天山南北大疆内外。我万分感谢你的陪伴、你的关心，我永远是新疆儿子娃娃，6年援疆路，一生新疆人。祝福我们的大美新疆日新月异，祝愿我们的试验区前景光明。

心　声

援疆 · 缘疆 · 愿疆

新疆
你是祖国版图中面积最大的广袤区域
你是世界文明交相辉映的文化宝藏
你是我神往的地方
只有有了你的安宁
才能有祖国的安康
我，一名援疆干部
笃定而无怨地来到了你的身旁
援疆是使命
援疆是担当
此生欣然援疆无上荣光

新疆
你是五十六个民族共生共福的人间天堂
你是充满激情令人陶醉的幸福家园
你是我随缘的地方
只要有了你的抚爱
就会让我受益终生
我，一名援疆干部

欢乐而愉悦地度过了美好时光

六年援疆路

一生新疆情

此生与你结缘永生难忘

新疆

你是一带一路举足轻重的核心地带

你是西部大开发的生态屏障

你是我祈福的地方

为了百姓的幸福

为了全疆的小康

我，一名援疆干部

真情而虔诚地为你祈祷欢唱

援疆会有期

愿心始无终

此生愿你早日富强辉煌

（2020 年 3 月　写于北京）

后　记

　　值此书稿完成之际，我百感交集。书稿仅仅是一种方式的回忆，回首 6 年援疆往事，点点滴滴，许多事历历在目，许多人感怀于心。

　　我没有忘记，科技部党组书记、部长王志刚先后多次到新疆看望我们援疆干部，并语重心长地要求我们明确"援疆为了什么、援疆做些什么、援疆留下点什么"，成为我做好援疆干部的奋斗目标；新疆维吾尔自治区党委常委、副主席艾尔肯·吐尼亚孜高瞻远瞩的非凡领导能力和对我本人无微不至的关怀，给了我坚持 6 年援疆的底气和信心；新疆维吾尔自治区人大常委会副主任王永明义无反顾地担当新疆创新试验区办公室主任，带领我们一班人搞调研、抓项目、促改革、谈合作，才有了新疆创新试验区和乌昌石自创区结出的累累硕果。我也没有忘记，新疆维吾尔自治区科技厅党组书记热依汗·玉素甫给予我的真心关照和坚定信赖，使我开展工作心情舒畅，气氛融洽；新疆维吾尔自治区科技厅厅长张小雷与我情投意合、亲如弟兄，一起奋战、一起苦乐，使我如鱼得水，累并快乐地度过了 6 年；还有新疆科技厅所有厅领导以及各位同事们，是你们的无私帮助和理解支持，保障了我完成援疆任务。我还没有忘记，曾经与中国科学院地理科学与资源研究所刘卫东研究员等专家精诚合作，一次又一次高水平完成了新疆创新试验区、乌昌石国家自创区规划设计、政策创新等许多繁重工作，他们为新疆的艰辛付出给了我极大支持。还有与我一起战斗的新疆创新试验区办公室 10 余个临时组成的团队，团结拼搏、夜以继日、不负韶华，为试验区、自创区作出了不可或缺的贡献。还有包括试验区"五地七园"的各位同事、曾经参加新疆农业提质增效专题调研的各位专家以及与我朝夕相处并全力支持我的来自国家部委各位"援友"，等等，都成为新疆创新驱动发展的践行者、合作者、贡献者，在此难以一一列名而谢了。还要由衷感谢来自科技部各位领导和各个司局同志对我援疆工作的特别支持。我还要特别感谢我的妻子和女儿对我连续 6 年援疆的包容理解和艰辛付出。最后，感谢 6 年来所有关心支持我的人。我始终感恩党的培养，感恩这个伟大时代。

衷心祝福大美新疆和谐稳定、幸福安康。

高旺盛

2020 年 3 月